水利工程管理与水利经济发展探究

白梅荣　温国梁　陈建亮◎著

线装書局

图书在版编目（ＣＩＰ）数据

水利工程管理与水利经济发展探究 / 白梅荣，温国
梁，陈建亮著. -- 北京：线装书局，2024.4
　　ISBN 978-7-5120-6108-8

　　I. ①水… II. ①白… ②温… ③陈… III. ①水利工
程管理－研究－中国②水利经济－经济发展－研究－中国
IV. ①TV6②F426.9

中国国家版本馆CIP数据核字(2024)第089450号

水利工程管理与水利经济发展探究
SHUILI GONGCHENG GUANLI YU SHUILI JINGJI FAZHAN TANJIU

作　　者：白梅荣　　温国梁　　陈建亮
责任编辑：白　晨
出版发行：线裝書局
　　　　　地　址：北京市丰台区方庄日月天地大厦 B 座 17 层（100078）
　　　　　电　话：010-58077126（发行部）010-58076938（总编室）
　　　　　网　址：www.zgxzsj.com
经　　销：新华书店
印　　制：三河市腾飞印务有限公司
开　　本：787mm×1092mm　　　　1/16
印　　张：12.25
字　　数：275 千字
印　　次：2025 年 1 月第 1 版第 1 次印刷

线装书局官方微信

定　　价：42.00 元

前　　言

　　水利工程管理一直以来都扮演着至关重要的角色，对水利经济发展也有着不可或缺的作用。随着社会经济的不断发展和人们生活水平的提高，水资源的有效管理和合理利用愈发显得重要。因此，对水利工程管理与水利经济发展的探究变得尤为紧迫。

　　水利工程管理是一项复杂而系统性强的工作，它不仅仅是对水资源进行管理，更是对整个水利工程系统进行综合协调和监控。在这个过程中，需要考虑到水资源的供需状况、水质的保护与改善、灌溉设施的安全，以及水灾防治等诸多因素。只有做到细致入微的管理，才能确保水资源的可持续利用，促进水利经济的健康发展。

　　水利经济发展与水利工程管理息息相关，两者相互促进、相互影响。水利工程管理的科学与否，直接影响着水利资源的合理开发利用、水资源的节约利用、水质的保护与改善，从而对水利经济的发展起到关键性作用。水利工程管理不仅仅是保障水利工程设施运行的正常，更是要在提高水资源利用效率的同时保障水资源的可持续开发。

　　因此，本文将对水利工程管理与水利经济发展进行一番探究，深入分析水利工程管理在促进水利经济发展中的作用与意义。我们将结合实际情况，以数据为支撑，对国内外水利工程管理现状和经验进行比较和借鉴，探讨如何进一步完善水利工程管理，推动水利经济的可持续发展。

　　希望通过我们的研究和探讨，可以为水利工程管理和水利经济发展提供一些新的思路和方法，促进水利工程管理的创新与进步，推动水利经济的繁荣与发展。让我们共同努力，为实现水资源的可持续利用和水利经济的良性循环贡献自己的一份力量。愿我们的努力能够为未来的水利工程管理和水利经济发展带来更大的成果和更美好的明天。

编委会

目录 // CONTENTS

第一章 水利工程管理的定义和意义

第一节 水利工程管理的概念

一、水利工程管理的基本定义

（一）水利工程管理的内容范围

水利工程管理的内容范围是指对水利工程项目进行全面计划、组织、指挥、协调、控制和监督的过程。这一过程涵盖了从水利工程项目规划、设计、施工、监理到运营和维护的全过程管理。水利工程管理的内容范围包括了对水资源的调查和评估、水利工程项目的可行性研究、方案设计、施工管理、资金预算和成本控制、工期计划、质量监督、安全保障等方面的管理工作。在这个过程中，水利工程管理者需要充分发挥领导、组织、协调、沟通、决策、创新等方面的能力，以确保水利工程项目能够按照规定的质量、进度、成本和安全要求得到有效实施。水利工程管理涉及到多个学科领域的知识和技能，需要水利工程管理者具备扎实的专业知识和丰富的实践经验，同时要注重团队合作和跨学科交叉融合，以应对复杂多变的水利工程管理挑战。水利工程管理的内容范围旨在提高水利工程效益、推动水利经济发展，实现社会经济可持续发展的目标。

（二）水利工程管理的主体和客体

水利工程管理的主体即为水利工程管理者，包括国家水利部门、水利局、水利企业等。而水利工程管理的客体是指被管理的水利工程项目、水资源等。水利工程管理的主体和客体之间相互作用，共同推动水利工程的规划、设计、施工、运行等工作。水利工程管理的主体需要充分了解客体的情况，针对客体的特点制定相应的管理方案，确保水利工程的科学、高效运行。水利工程管理者应具备丰富的水利工程管理经验和专业知识，同时要注重团队合作，以实现水利工程的可持续发展。水利工程管理的主体和客体之间的密切合作，将为水利工程的发展做出积极贡献。

（三）水利工程管理的目标和意义

水利工程管理是指对水利工程的规划、设计、施工、运行、维护、监测等活动进行有效组织和协调管理的过程。它的基本定义是指通过合理的管理措施，实现对水利工程建设和运行的有效监督和管理，提高水资源利用效率，保障水利工程的安全和可持续发展。水利工程管理的目标是实现对水资源的合理利用，提高水资源利用效率，保护和修复水生态环境，推动水利经济的发展。水利工程管理的意义在于维护和改善水利工程的运行状况，保障人民生产生活用水安全，推动工农业生产的发展，促进地方经济的繁荣。水利工程管理对于提高国家水资源利用效率，实现可持续发展具有重要意义。

（四）水利工程管理的原则和方法

水利工程管理的原则和方法涵盖了许多方面，其中包括计划性、组织性、领导性、控制性等多项原则和方法。在实际工作中，我们需要根据具体情况来灵活运用这些原则和方法，以实现水利工程的有效管理。同时，水利工程管理还需要注重科学性和系统性，只有这样才能有效地提高水利工程的运行效率和绩效。在管理水利工程过程中，我们需要不断学习和总结经验，不断改进和完善管理工作，以适应不断变化的环境和需求。水利工程管理的原则和方法不仅仅是为了保证水利工程的安全运行，更是为了实现水利经济的可持续发展。水利工程管理的重要性不言而喻，只有加强管理工作，才能更好地发挥水利工程的作用，推动水利经济的繁荣发展。在未来的工作中，我们需要不断创新管理模式，加强协调配合，强化责任落实，以提升水利工程的管理水平，为水利经济的可持续发展做出更大的贡献。

二、水利工程管理的历史演变

（一）水利工程管理的起源

水利工程管理的起源可以追溯到古代的灌溉工程和水利设施建设，随着人类社会的发展，对水资源的合理利用和管理变得越来越重要。水利工程管理的概念在现代社会得到了更加明确定义，涵盖了工程规划、设计、施工、运行、维护等方方面面。随着科技的进步和管理经验的积累，水利工程管理不断演变和完善，为保障水资源的安全和可持续利用提供了重要的支持。历史上的水利工程管理实践为今天的水利工程管理理论提供了宝贵的经验和借鉴，是我们在研究和探讨这一领域时不可忽视的重要组成部分。

（二）水利工程管理的发展历程

水利工程管理作为一个重要的领域，在中国古代就已经开始有所涉及，随着社会的发展，水利工程管理逐渐成为一个专业化且系统化的学科。在传统水利工程管理的基础上，现代水利工程管理不仅注重工程建设的效率和质量，更加强调对水资源的综合利用、环境保护和可持续发展。水利工程管理的发展历程中，经历了从简单的灌溉和排水工程管理到综合水资源规划和管理的转变，不断拓展了管理的广度和深度。近年来，随着信息技术的飞速发展，水利工程管理也逐渐向数字化、智能化方向发展，依靠先进的技术手段和管理方法来提升管理效率和水利工程的整体性能。水利工程管理的未来，将面临更多的挑战和机遇，需要不断创新和提高，以适应社会的发展需求和环境的变化。

（三）水利工程管理的现状和发展趋势

水利工程管理的现状和发展趋势，是水利工程领域的重要议题。随着社会经济的不断发展和水资源利用的不断增加，水利工程管理显得尤为重要。未来，水利工程管理将面临更加复杂的挑战和问题，需要不断创新和改进管理方式，以适应新形势下的水资源管理需求。水利工程管理的发展趋势将越来越注重科技创新和信息化管理，提高管理效率和水资源利用效益。同时，人才培养和技术更新也将成为水利工程管理发展的重要支撑。在未来的发展中，水利工程管理将继续发挥重要作用，实现可持续发展和水资源的有效利用。

（四）水利工程管理的国内外比较

水利工程管理是一个涵盖诸多方面的复杂系统，在不同国家和地区都有自己的管理模式和经验。国外水利工程管理注重科技创新和效率提升，注重技术的先进性和可持续性，而国内水利工程管理更加注重实践经验和传统技术的传承。在国外，水利工程管理更加注重环境保护和生态平衡的考量，而国内更多地是以经济效益和国家发展为主要考虑因素。尽管在管理理念和模式上存在差异，但都在不断探索和寻求更好的管理方式，为水利工程的建设与发展提供保障。

水利工程管理的历史在国外比国内更为悠久，国外有着较为完善的管理体系和规范，积累了丰富的管理经验和案例。而国内在水利工程管理上还存在一些不成熟和不完善之处，需要进一步加强规范和标准化建设。在国际合作和交流方面，水利工程管理的国内外比较也是一个重要的课题。国际交流可以让各国分享经验、学习借鉴，在全球化背景下，共同促进水利工程管理的发展和进步。

在未来的发展中，水利工程管理需要不断适应时代的需求和挑战，结合国内外的优秀管理经验，不断探索创新，提高管理水平和效率，为水利工程的稳健发展和可持续利用提供坚实保障。水利工程管理的发展不仅关乎国家和地区的经济社会进步，更是关乎全球水资源保护和可持续发展的大计。愿我们共同努力，共同探索，共同推动水利工程管理的发展，为水资源的合理利用和可持续发展贡献自己的力量。

（五）水利工程管理的改革与创新

水利工程管理是指对水利工程建设、运行、维护和管理进行规范和指导，以实现水资源的合理配置和利用。随着社会经济的发展，水利工程管理在促进农业生产、城市供水、防洪抗旱等方面发挥着重要作用。

然而，在实际应用中，水利工程管理也存在一些问题。由于水资源分布不均衡和利用需求多样化，导致了水利工程管理的难度和复杂性增加。一些地区对水利工程管理的重视程度不够，导致了水资源的浪费和不合理利用。由于技术手段的限制以及管理体制的不完善，也制约了水利工程管理的效率和水平提升。

针对以上问题，需要全面调查研究，并提出有效的改进措施。这既需要技术手段的不断创新和提高，也需要政策法规的完善和执行力度的加大。同时，水利工程管理者的素质和能力也需要不断提升，以应对日益增长的管理挑战。

在水利经济发展方面，水利工程管理的关键性不容忽视。只有通过合理的水利工程管理，才能实现水资源的有效利用，从而推动经济社会的可持续发展。因此，水利工程管理需要与经济发展相结合，共同探索出适合中国国情的水利工程管理模式。

总的来说，水利工程管理是一个复杂的系统工程，需要各方共同努力才能取得良好的效果。通过不断的改革与创新，完善水利工程管理体系，提高管理效率和水平，才能更好地推动水利经济的发展，实现水资源的可持续利用。

三、水利工程管理的关键因素

（一）政策法规的制定和执行

水利工程管理的概念是指对水利工程建设、运行、维护和利用过程中的各种活动进行计划、组织、协调、控制和监督，以达到经济、社会和生态效益最大化的管理工作。水利工程管理的关键因素包括水资源的合理利用、工程设计的科学性、施工过程的严谨性、设备设施的完善性以及人员素质的提升等。政策法规的制定和执行是保障水利工程管理顺利进行的重要保障，只有健全的法规体系和有效的政策执行，才能促进水利工程管理工作的有效展开，推动水利经济的持续发展和进步。

（二）组织管理体制的建设

水利工程管理作为一项重要的管理工作，在水利工程建设和运行中起着关键的作用。而水利工程管理的成功与否，关键在于多方面因素的协调和统一。要建立一个科学有效的水利工程管理体制，需要从多个方面进行建设，确保水利工程能够得到有序、高效的管理和运作。组织管理体制的建设需要充分考虑管理的科学性、合理性和灵活性，以适应水利工程的特殊性和复杂性。只有建立起完善的管理体制，才能有效应对各种突发状况，确保水利工程的正常运行和发展。

（三）技术装备的更新和发展

水利工程管理的概念是指对水利工程的规划、设计、施工、运行和维护等过程进行科学、系统地管理和控制。水利工程管理的关键因素包括领导决策、人员配备、资金投入、技术装备等各个方面。技术装备的更新和发展对水利工程管理至关重要，能够提高水利工程施工的效率和质量，也能够有效减少资源浪费和环境污染。当前，随着科技的进步和社会的发展，水利工程管理所应用的技术装备也在不断更新和发展，为水利工程管理带来了更多的可能性和机遇。随着技术装备的不断更新和发展，水利工程管理将迎来更加广阔的发展空间，为推动水利经济的持续发展和进步做出更大的贡献。

第二节 水利经济发展的重要性

一、水利经济的概念和特点

（一）水利经济的基本定义

水利经济发展的重要性不能被忽视，水资源是人类生存和发展的基础，水利工程管理则是保证水资源在经济发展中得到有效利用和合理分配的重要手段。水利经济的概念是指在水资源管理与利用中，通过实施适当的政策和措施，达到促进经济发展、改善社会福利以及实现可持续发展的目标。水利经济具有稀缺性、价值性和复杂性等特点，需要综合考虑各种因素，进行科学规划和合理管理。水利经济的基本定义是指在水资源管理和利用的过程中，通过有效的经济手段和政策来实现资源的可持续利用和合理分配，达到经济效益、社会效益和环境效益的统一。

（二）水利经济的主要特征

水利经济的主要特征是与水资源相关的经济活动。水利工程管理的概念涉及到水资源的合理利用和保护，因此水利经济发展对于社会和经济的可持续发展至关重要。水利经济的发展不仅可以促进农业生产、工业发展和生态环境保护，还能够带动地方经济的繁荣。水利经济的特点包括资源的重要性、可持续性和对环境的影响，这些特征对于推动水利工程管理的健康发展至关重要。

（三）水利经济的发展现状

水利工程管理与水利经济发展密不可分。水利工程管理是为了有效地规划、建设、运行和维护水利基础设施，提高水资源利用效率，保障水资源安全，实现经济社会可持续发展的过程。水利工程管理的关键因素包括政府的政策法规支持、科学技术的支持、资金的投入和人员的培训等。通过科学合理的水利管理，可以有效应对水资源紧缺、水质污染等问题，促进水资源的综合利用和可持续发展。

水利经济发展是指在水资源的开发利用过程中，通过市场机制和经济手段实现水资源的有效配置和合理利用，推动水利事业的发展。水利经济的特点包括投资大、见效慢、长周期、回报不确定等。目前，我国水利经济发展取得了显著成就，水利基础设施的建设日益完善，水资源利用效率逐步提高，水资源保护意识不断增强。同时，水利经济发展面临诸多挑战，如水资源匮乏、水污染严重、水利工程管理不规范等问题亟待解决。

根据相关数据统计，我国水利工程管理与水利经济发展取得了一定进展。近年来，水利投资不断增加，通过多种渠道筹集资金，支持水利工程建设和管理，推动了水利经济的发展。政府也出台了一系列政策法规，规范水利工程管理行为，加强水资源保护和管理。同时，市场上涌现出众多水利工程管理公司，为水利经济的发展提供了新的动力。

总的来看，水利工程管理与水利经济发展正处于快速发展阶段，但仍面临着诸多挑战和问题。未来需要不断加强水利工程管理与水利经济发展的协调，促进水资源利用效率提高，保护水资源安全，实现水利经济的可持续发展。

（四）水利经济的发展趋势

未来，随着全球气候变化的不断加剧和人口的持续增长，水资源管理将面临更大的挑战。水利经济发展将更加注重生态环境保护和可持续利用，推动水资源的高效利用和保护。在未来，市场需求将会更加多样化和个性化，政府政策也将更加注重绿色发展和环境保护。

技术方面，随着人工智能、大数据和云计算等技术的发展，水利工程管理将更加智能化和精细化，能够更好地预测和应对水资源变化，提高水资源的利用效率。同时，新型材料和新技术的应用将带来水利工程管理的全面升级，提升水利设施的耐久性和安全性，推动水利工程管理向更高水平发展。

未来的水利经济发展将更加注重生态价值和生态效益，推动全球水资源的可持续利用和保护。水资源将成为未来经济发展的重要战略资源，水利工程管理将在其中扮演着重要角色。政府将加大对水利工程管理的投入和支持，推动水利事业的持续发展。

总的来说，未来水利工程管理和水利经济发展将朝着更加智能化、可持续化和绿色化的方向发展。只有在充分发挥技术的优势，注重生态环境保护，做好水资源的管理和保护工作，才能实现水资源的可持续利用，携手共建美丽家园。水利工程管理与水利经济发展的探究将成为未来的重要课题，我们需要不断探索和创新，适应未来的发展需求，共同促进水利事业的可持续发展。

二、水利资源的经济价值

（一）水资源的价值评估

水资源的经济价值是指水资源在经济活动中所扮演的角色，包括水资源的直接利用价值和间接利用价值。直接利用价值指的是水资源在农业、工业、生活用水等方面的利用所带来的直接经济效益，例如提高农业产量、推动工业发展等；间接利用价值则是指水资源对于生态环境、人类健康等方面的影响所带来的经济效益，例如维持生态平衡、保障生态安全等。

在实际评估水资源的经济价值时，可以采用成本效益分析、资源计量等方法来进行量化评估。成本效益分析是通过比较水资源利用的成本和收益来评估其经济价值，其核心在于确保资源的最优配置，实现效益最大化。而资源计量则是通过测算水资源的供需量、质量等来评估其经济价值，从而更准确地把握水资源的实际价值。

水利工程管理在实现水利经济发展方面扮演着至关重要的角色。只有通过科学合理的水资源管理，才能更好地发挥水资源的经济潜力，推动经济的可持续发展。因此，加强水利工程管理具有重要的现实意义和深远的战略意义。

水资源的经济价值评估是水利工程管理和水利经济发展探究中不可或缺的一环，只有通过科学合理地评估水资源的经济价值，才能更好地实现水资源的可持续利用，促进经济的快速发展。因此，我们应当不断深化对水资源经济价值的研究，为水利工程管理和水利经济发展提供更有力的支撑。

（二）水资源的市场化运作

水资源市场化运作是指依靠市场机制来调节水资源的供给和需求，以实现资源配置的最优化。在水资源市场化运作中，价格形成方式起着至关重要的作用，价格反映了水资源的稀缺性和价值，引导市场主体合理配置资源。

市场机制是水资源市场化运作的基础，市场的竞争机制能够激励水资源的有效利用和保护。市场主体包括政府、企业和个人，各方在市场中按照需求和供给参与交易，形成水资源的价格。政府作为市场的监管者和调节者，通过政策法规引导市场发展，保障水资源的可持续利用。

价格形成方式是水资源市场化运作的核心问题，合理的价格能够激励市场主体节约用水、改进用水方式。水资源的价格应包括水资源本身的成本、环境损失的代价和资源稀缺性的体现，通过市场供求关系来决定价格的高低。价格制度的设计需要考虑公平性和效率性的平衡，避免价格对社会弱势群体造成不利影响。

水资源市场化运作的过程中存在着种种挑战和困难，如信息不对称、资源外部性等问题，需要有关部门加强监管和引导，完善市场机制，推动水资源市场化的深入发展。水利工程管理和水利经济发展是紧密相关的，水资源的市场化运作将为水利工程管理提供新的发展机遇和挑战，促进水利经济的可持续发展。

（三）水资源的优化配置

水资源是国家的重要战略资源，对于经济发展具有重要的支撑作用。水利工程管理是指对水资源进行有效配置、利用和保护的管理活动。在水利工程管理中，必须考虑到资源的有限性和不可替代性，以及发展的可持续性。优化配置水资源可以促进经济增长，解决水资源短缺问题，改善生态环境，提高人民生活水平。

水资源的优化配置需要考虑各种因素，包括地域特点、气候条件、生态环境等，需要进行科学的规划和管理。在资源配置效率方面，需要考虑如何提高水资源的利用率、降低资源浪费，使得水资源能够更好的满足多样化的需求。还需要注重资源保护，避免过度开发导致资源枯竭和生态环境恶化。

对水资源的优化配置不仅涉及农业、工业、城市生活等方面，还需要考虑到气候变化、人口增长等因素对水资源的影响。只有通过科学的管理和规划，才能实现水资源的可持续利用，并促进经济的健康发展。

水资源的经济价值也是不能忽视的，水资源是支撑农业、工业和生活的重要基础，对于国民经济的发展起着至关重要的作用。通过合理配置资源，可以改善水资源利用效率，提高资源的经济价值，促进经济的快速增长。

在水利工程管理与水利经济发展的探究中，我们需要研究如何优化水资源配置，提高资源利用效率，保护资源环境，实现经济的可持续发展。这需要政府、企业和社会各方的共同努力，以实现资源的合理利用和经济的可持续增长。

（四）水资源的节约利用

随着社会经济的快速发展，水资源的重要性愈发凸显。然而，当前我国仍存在着水资源的大量浪费现象。例如，农田灌溉系统老化、管道漏水、农业用水效率低等问题导致了水资源的浪费。城市人口增加和工业化进程加快也对水资源的供需关系提出了更高要求。

为了更好地保护水资源，提高水资源利用效率，各级政府和相关部门一直在努力推动节约用水技术的研究和应用。例如，引入节水灌溉技术，改善农田灌溉系统，推广微喷灌溉技术等措施，以减少灌溉用水量。生活中也可以通过改善供水管网、普及水表计量收费等手段，促进居民节水意识的培养，提高用水效率。尽管如此，仍需面对水资源管理中的诸多难题和挑战。

水资源的节约利用不仅关乎国家经济、社会发展，也与人民群众的生活息息相关。有效的水利工程管理和水利经济发展对于我国经济的健康发展至关重要。因此，我们需要更加积极地推动水资源的节约利用，加大水利工程建设和管理力度，促进水利经济的可持续发展。只有在水资源管理和利用方面进行深入思考和切实行动，才能更好地保护好我们宝贵的水资源，实现经济社会的可持续发展。愿我们共同努力，为美丽中国的水利工程管理和水利经济发展做出更大的贡献。

（五）水资源的可持续利用

水资源是人类生存和发展的重要基础，而水利工程管理则是保障水资源有效利用的重要手段。水利工程管理是指对水资源进行科学、合理、有效的规划、开发、利用和管理，以实现资源的可持续利用与保护。水利工程管理的关键因素包括有效的管理措施、技术手段、政策支持和社会参与等方面。

水利经济发展对于社会的可持续发展具有重要意义。水资源的经济价值不仅体现在其直接利用价值上，还包括其间接价值，如生态环境维护、灾害防治等方面。因此，水利经济发展需要综合考虑水资源的多重价值，积极推动水资源开发和利用，同时加强对水资源的保护和管理。

在推动水利经济发展的同时，要重视水资源的可持续利用。水资源的可持续利用不仅包括单纯的开发和利用，还应注重生态环境的保护和资源的再生利用。通过合理规划和管理水资源，优化水资源配置，提高水资源利用效率，实现资源的循环利用，可以有效实现水资源的可持续发展。

生态保护是实现水资源可持续利用的重要保障。通过加强水域生态环境保护、湿地保护和水污染治理等措施，可以有效维护水资源生态系统的持续稳定，保障水资源的质量和数量。同时，资源再生利用也是水资源可持续利用的重要途径。通过推广水资源再生技术，实现废水的处理和再利用，可以有效提高水资源的再生利用率，减少对自然资源的开采压力。

水资源的可持续利用需要综合运用生态保护、资源再生利用等手段，促进水利工程管理与水利经济发展的良性循环，为实现水资源的可持续利用提供有力支持。

三、水利工程对经济发展的影响

（一）水利基础设施对经济的推动作用

水利基础设施是一个国家或地区发展的重要支撑之一，其管理和运营直接影响到经济的持续增长和社会的可持续发展。在现代化社会，水利工程所起到的作用不仅仅是为了灌溉农田、防洪防涝，更重要的是提高生产效率、改善生活环境，推动经济发展。

水利工程的良好管理可以有效提高农业生产效率。通过合理规划和科学管理，提高土地的水资源利用率，为农业生产提供稳定的水源保障，从而增加农作物的产量和质量，促进农业现代化进程。适当的水利设施还可以改善农村的生产生活条件，提高农民的经济收入水平。

水利工程的建设和管理对城市化进程也具有重要作用。随着城市化的加速发展，城市面临着诸多挑战，包括水资源短缺、水环境污染等问题。通过建设现代化的水利基础设施，可以有效解决城市用水难题，改善城市水质环境，提升城市居民的生活质量。同时，水利工程的管理还可以提高城市的抗灾能力，减轻自然灾害对城市的危害。

水利基础设施的优化管理也可以为工业发展提供有力支撑。工业生产对水资源的需求量较大，合理规划和管理水利工程，不仅可以确保工业生产的正常运转，还可以提高水资源的利用效率，降低水资源管理成本，增强企业竞争力。

总的来说，水利工程管理对经济发展具有重要意义。只有加强水利工程建设和管理，提高水资源的利用效率，才能实现经济的可持续发展，提升人民生活水平，推动社会繁荣稳定。因此，政府和社会应该加大对水利工程管理的投入和支持，推动水利基础设施不断完善和发展。

（二）水利生态环境对经济的影响

水利生态环境对经济的影响是至关重要的。水资源是支撑经济发展和社会稳定的基础，同时也是维系生态平衡的重要组成部分。水利工程管理的科学化和规范化对于提高水利工程的效益、减少水资源的浪费具有重要意义。水利工程的建设不仅可以提高灌溉效率，保障农业生产，还能提供清洁的生活用水，促进城乡居民生活水平的提高。水利工程的建设已经成为促进经济发展的动力，带动了相关产业的发展，为我国的农村经济增长和城乡一体化发展提供了有力支撑。水利生态环境的改善不仅可以改善自然生态环境，维护生态安全，还能提高土地的生产力，增加农产品的产量，促进农业的可持续发展。水资源是维系生态平衡，促进经济可持续发展的重要基础，必须加强水利工程管理，保护好水资源，构建和谐的水利生态环境，实现经济社会的可持续发展。

（三）水利科技创新对经济的促进效果

水利科技创新对经济的促进效果是非常重要的。通过不断地推动水利工程科技的创新，可以提高水资源的利用效率和保护水资源的能力，从而带动经济的持续发展。水利工程管理的关键因素在于科技创新的推动，只有不断地引入新技术、新理念，才能更好地解决水资源管理中的问题。水利工程对经济发展起着至关重要的作用，它不仅可以提供充足的水资源支持农业生产，也是工业发展和城市建设的重要基础。水资源的有效管理和利用，将促进经济的稳步增长，提高人民生活水平。因此，水利经济发展的重要性不言而喻，只有保护好水资源，才能确保经济的可持续发展。

第三节　水利工程管理与水利经济发展的关系

一、水利工程管理的支撑作用

（一）水利工程管理对水利经济的保障作用

水利工程管理对水利经济的保障作用是非常重要的。水利工程管理的概念涉及到许多关键因素，这些因素直接影响着水利工程对经济发展的影响和水利经济发展的重要性。水利工程管理与水利经济发展密切相关，它们相互作用，互相支撑。水利工程管理在保障水利经济发展方面发挥着关键作用，为实现水资源的合理开发和利用提供了支撑。水利工程管理的有效实施可以提高水资源利用效率，促进水利工程对经济的贡献和推动水利经济发展。

水利工程管理对水利经济的保障作用与水利经济发展的关系紧密相连，水利工程管理不仅为水利经济的发展提供了基础设施支持，也为水资源的可持续利用和生态环境的保护提供了保障。水利工程管理是实现水资源优化配置的重要手段，通过科学合理的水资源规划和管理措施，可以有效推动水利经济的发展，提高水资源的综合利用效率。水利工程管理的支撑作用是水利经济发展的重要保障，通过加强水利工程基础设施建设和管理，可以更好地发挥水利工程对经济和社会的重要作用，实现水资源的可持续利用和经济效益最大化。

（二）水利工程管理对水资源的保护作用

水利工程管理对水资源的保护作用是至关重要的。水资源是珍贵的自然资源，对于人类的生存和发展具有不可替代的重要意义。水利工程管理通过科学规划和合理利用水资源，可以最大限度地达到保护水资源、实现可持续利用的目的。水利工程管理的概念涵盖了对水资源的综合规划、科学管理和有效利用等方面。在水利工程管理中，关键因素包括了水资源调配、水质保护、水环境治理等多个方面。水利经济发展的重要性不言而喻，水资源是支撑农业、工业、生活用水等各个领域发展的基础。水利工程对经济发展有着直接的影响，合理的水资源配置和科学的水利工程建设可以提高水资源利用效率，促进经济的可持续发展。水利工程管理与水利经济发展密不可分，水利工程管理的支撑作用在于为经济活动提供稳定、可靠的水资源保障。水利工程管理对水资源的保护作用不仅关乎人类社会的可持续发展，也是保障国家水资源安全和民生福祉的关键之举。

（三）水利工程管理对生态环境的影响

水利工程管理在保护生态环境方面起着至关重要的作用，对生态环境的影响需要得到高度重视。水利工程管理的举措和政策对于维护生态平衡、保护生态环境具有重要的意义和作用，为实现可持续发展和生态文明建设提供了有力支撑。水利工程管理对于生态环境的保护和维护有着不可替代的作用，需要我们不断加强管理力度，实施科学有效的措施，保护好我们的生态环境，实现环境可持续发展。

二、水利经济发展的需求

（一）水利工程管理支持水利经济发展的资源保障

水利工程管理的概念是指对水利工程建设、运行和维护过程进行有效监督和协调的管理活动。水利工程管理的关键因素包括技术实施、资金保障、政策支持等方面。水利经济发展的重要性在于水资源的有效利用能够促进经济的稳定增长。水利工程对经济发展的影响主要体现在提高灌溉效率、减少自然灾害损失等方面。水利工程管理与水利经济发展密切相关，有效的管理能够支撑水利经济的健康发展。水利经济发展的需求越来越迫切，需要加强水资源管理和开发。水利工程管理支持水利经济发展的资源保障是为了保障水资源的可持续利用和经济的持续发展。

水利工程管理的有效实施对于水利经济发展至关重要。在当今社会，水资源的有效利用已成为各国的共同课题。随着经济的不断发展和人口的增加，对水资源的需求也越来越大。而作为支撑水资源可持续利用的基础设施，水利工程的建设、运行和维护显得尤为重要。水利工程管理需要关注的关键因素包括技术实施的更新换代、资金的充足保障、政策的有效支持等方面。只有通过不断完善管理，才能更好地支持水利经济的发展。

水利经济的发展不仅能够提高灌溉效率，减少自然灾害损失，还可以促进当地经济的稳定增长。因此，建立健全的水利工程管理体系，对于推动水利经济的发展具有积极的意义。在实践中，需要注重技术的创新和提高，确保水利工程的运行效率和安全性。同时，要加强资金的投入，保障水利工程建设和维护的持续进行。政策的支持也至关重要，只有明确政策导向，才能够为水利工程管理提供有力的保障。

随着社会经济的发展，水资源的需求呈现出增长的趋势，对水利工程管理提出了新的挑战和机遇。同时，加强水资源管理和开发已成为当务之急。只有通过有效的水利工程管理，才能够保障水资源的可持续利用，支持经济的持续发展。在未来的发展中，必须加强水利工程管理支持水利经济发展的资源保障，为推动水利事业的进步贡献力量。

（二）水利工程管理引导经济结构调整

水利工程管理是对水利工程建设、运行和维护过程中各项管理活动的总称，其关键因素包括政策法规、技术规范、资金投入、人力资源等方面的要素。水利经济发展的重要性不言而喻，水资源是国家的重要战略资源，水利工程对经济发展的影响至关重要。水利工程管理与水利经济发展密不可分，水利经济发展的需求也促使着水利工程管理工作的不断深入开展。水利工程管理引导经济结构调整，为经济的可持续发展提供了重要支撑和保障。

（三）水利工程管理促进区域协调发展

水利工程管理在促进区域协调发展方面发挥着不可或缺的作用。通过科学规划和有效管理水资源，水利工程管理可以实现水资源的合理配置，保障城乡供水和灌溉用水需求，促进农业生产的发展，增加农民收入，提高农村经济水平。同时，水利工程管理还能够减少水灾和干旱灾害造成的损失，保障社会稳定和经济发展的可持续性。

以中国南水北调工程为例，该工程是中国规模最大的水利工程之一，通过调水调河，实现了南方水资源向北方的输送，缓解了北方地区的水资源紧缺问题，促进了跨区域的协调发展。南水北调工程的成功实施，不仅有效解决了北方地区的用水问题，还促进了当地城市的经济发展，提高了人民生活水平，推动了区域协调发展。

在国际上，尼罗河流域国家间的尼罗河联合委员会也是一个成功的例子。通过成立联合委员会，各国共同管理尼罗河水资源，制定合理的水资源利用和分配计划，协调解决跨国界的水资源管理问题，促进了尼罗河流域各国的和平合作和经济发展。

水利工程管理与水利经济发展密不可分，通过科学规划、有效管理和合理利用水资源，可以促进区域间的协调发展，实现经济社会的可持续发展。因此，水利工程管理应当得到高度的重视和支持，为推动区域的协调发展作出更大的贡献。

（四）水利工程管理推动贫困地区经济发展

在贫困地区，水利工程管理扮演着至关重要的角色，对经济发展具有直接影响。水利工程建设提供了大量的就业机会，吸纳了许多当地劳动力，从而减少了贫困人口的数量。通过改善基础设施，如灌溉系统、水库等，水利工程管理有效地提高了农田的灌溉效率，增加了农业产量，提升了当地经济发展的基础。

水利工程管理还可以改善当地的生态环境，保护水资源，促进农田的可持续利用，从而为贫困地区的经济发展提供了更为稳定的保障。同时，水利工程管理也为当地居民提供了更好的用水条件，改善了生活质量，促进了当地的社会发展。

在水利经济发展的过程中，水利工程管理所发挥的作用不可忽视。水利工程不仅仅是基础设施建设，更是一种推动经济发展的重要手段。通过有效管理和利用水资源，可以实现生产力的提高，促进产业的发展，推动贫困地区经济的持续增长。

因此，水利工程管理与水利经济发展密不可分，二者相互促进、相互依存。只有通过科学规划和有效管理水利工程，才能更好地推动贫困地区的经济发展，实现经济的可持续增长，提高当地居民的生活水平，促进社会的稳定和和谐发展。水利工程管理的意义在于通过改善水资源的管理和利用，为当地的经济发展提供更为坚实的基础，为贫困地区的脱贫致富提供更为有效的支持。

在水利工程管理的推动下，贫困地区水资源得到了充分利用，水质得到了改善，农田灌溉得到了保障，水电资源得到了开发，生活供水得到了保障。这些改变使得当地的农业生产更加稳定，农民的收入得到了提升，农村经济得到了快速发展。同时，水利工程的建设也带动了相关产业的发展，增加了就业机会，推动了当地的经济结构调整和产业转型升级。

水利工程管理的推动不仅仅是经济领域上的改变，更是对社会发展的积极影响。水利工程的建设和管理，使得当地居民的生活质量得到了明显提升，减少了水灾和干旱对人们生活的影响，提高了社会的稳定性和安全性。水利工程的推动也促进了当地社会文化的繁荣，传统的水利文化得到了传承和发展，让后人更加珍惜和利用水资源，实现了生态环境和文化的双赢。

总的来说，水利工程管理的推动对贫困地区经济发展的推动不可低估。通过科学规划和有效管理水利工程，可以实现经济的可持续增长，提高当地居民的生活水平，促进社会的稳定和和谐发展。水利工程管理的积极推动，将为贫困地区的脱贫致富和可持续发展提供坚实的基础和有力的支持。

（五）水利工程管理提升国家竞争力

水利工程管理的提升不仅可以改善水资源利用效率，还可以促进国家基础设施建设，从而推动水利经济发展。水利工程管理的科学规划和有效实施是确保水资源合理利用的重要保障，同时也是实现经济可持续发展的关键因素之一。

水利工程的建设和管理不仅仅是为了解决当下的用水需求问题，更是为了满足未来经济发展和社会发展的需求。水利工程管理应该充分考虑到社会、经济、环境等多方面的因素，制定科学合理的规划，并加强技术创新和管理手段的提升，以提高水利工程的效益和持续发展能力。

水利经济的发展对国家经济的稳定和发展至关重要。水利工程的建设不仅可以提高水资源利用效率，减少水资源浪费，还可以促进农业生产、工业生产和城市发展的协调发展。通过有效的水利工程管理和投资，可以带动相关产业链的发展，增加就业机会，促进经济增长。

水利工程管理的提升将进一步推动国家基础设施建设的发展。水利工程建设不仅仅是注重项目规模和效益，更是注重提高社会福利和国家竞争力。通过水利工程的规划和管理，可以推动国家基础设施建设的整体水平提升，增强国家在国际经济领域的竞争力。

在全球化经济的背景下，水利工程管理的提升将更好地满足国家经济发展的需求。水利经济的发展需要建立在良好的水利工程管理基础上，通过加强管理和投资，不断提高水资源利用效率和效益，推动经济持续发展。水利工程管理与水利经济发展密不可分，只有通过不断完善管理和促进发展，才能实现国家经济的可持续发展和国际竞争力的提升。

三、水利工程管理与产业发展

（一）水利工程管理对产业的产出和就业的影响

水利工程管理对产业的产出和就业具有重要影响。水利工程建设和运营需要大量的劳动力参与，这为就业市场提供了新的机会。在建设阶段，需要的工人包括工程师、技术人员和普通劳动者，在运营阶段也需要相关专业人才做好设施的维护和管理。这些就业机会不仅增加了收入，还提升了地区的综合就业水平。

水利工程管理的优化可以提高产业的效率和生产力，从而增加产出。通过科学合理地规划和管理水资源，可以最大程度地利用水资源，提高农作物的产量和品质，促进农村产业的发展。水利工程的建设和运营也有利于水利设施的完善和更新，提高产业的竞争力和可持续发展能力。

水利工程管理还对产业结构的调整和优化起到了重要作用。例如，通过水利工程的建设和管理，可以优化农业产业结构，推动产业由传统的粮食生产向多元化、高附加值的产业转变。在城市化进程中，水利工程也可以带动相关产业的发展，促进新型城镇化的建设和产业结构的升级。

总的来说，水利工程管理对产业的产出和就业有着积极的影响。通过科学合理地规划和管理水资源，可以提高产业的效率和生产力，促进产出的增长；同时，水利工程建设和运营也为就业市场提供了新的机会，提升了地区的就业水平。因此，加强水利工程管理，推动水利经济发展，对促进产业的发展和就业的增加具有重要意义。

（二）水利工程管理推动农业、工业、服务业互动发展

水利工程管理在推动农业、工业和服务业互动发展中发挥着重要作用。水利工程为农业生产提供了重要的支持。通过灌溉系统的建设和管理，农田灌溉得以完善，农作物的生长得到有效保证，农业生产水平得到显著提升。水利工程也为农村地区提供了饮水和生活用水，改善了农民的生活环境，促进了农村经济的发展。

水利工程管理对工业生产也具有重要影响。工业生产对水资源需求巨大，而水利工程的建设和管理可以有效保障工业用水需求不断增长的情况下，维持水资源供给的稳定。通过科学的水资源管理，可以有效避免由于水资源过度利用带来的环境问题，同时也为工业生产提供了可靠的水源保障。

服务业作为现代经济的一个重要组成部分，也受益于水利工程管理的推动。

城市的建设和发展需要大量的生活用水和污水处理等服务设施，而水利工程的建设和管理为城市提供了可靠的水资源支持，保障了城市服务业的正常运转。同时，水利工程也为城市的环境保护和改善提供了支持，提升了城市的生活质量。

总的来说，水利工程管理与产业发展之间存在着密切的相互关系。通过科学的水利工程管理，不仅可以有效推动各个产业的发展，也可以实现不同产业间的互动发展，促进经济持续健康发展。在未来的发展中，需要进一步完善水利工程管理体系，不断提高水资源利用效率，以实现经济可持续发展的目标。

（三）水利工程管理支持新兴产业的发展

随着社会经济的不断发展，新兴产业如数字经济、绿色能源、生态环保等正日益崛起。这些新兴产业对水资源的需求量也在逐渐增加，因此，水利工程管理在支持这些产业的发展中扮演着重要角色。

新兴产业对水资源的需求呈现多样化趋势。以数字经济为例，数据中心的运行需要大量水资源进行冷却，而且云计算、物联网等技术也需要水资源进行支持。同时，绿色能源领域如太阳能、风能等也需要大量水资源用于生产和运行。因此，水利工程管理需要精准调配水资源，确保新兴产业的正常运转。

水利工程管理对生态环保产业发展起到至关重要的作用。随着人们环保意识的增强，生态环保产业逐渐成为经济增长的新引擎。而水利工程管理在保护水资源、改善水环境等方面发挥着关键作用。例如，水利工程管理可以对水质进行监测和治理，确保水资源的可持续利用，为生态环保产业提供坚实的基础支撑。

水利工程管理还可以为新兴产业提供基础设施支持。例如，水资源的存储和调度可以为新兴产业提供稳定的供水保障；水利工程的节能环保设计可以为绿色产业提供可持续的能源支持。因此，水利工程管理不仅可以满足新兴产业对水资源的需求，还可以为其提供可靠的基础设施保障。

水利工程管理与新兴产业的发展密切相关，通过有效的管理和调配水资源，可以为新兴产业提供坚实的支持，推动经济实现可持续发展。水利工程管理作为促进产业结构升级和经济转型的重要手段，应不断完善和提升，为新兴产业的发展创造更加良好的环境。

（四）水利工程管理与科技创新

水利工程管理与科技创新之间的关系密不可分。随着科技的不断进步，水利工程管理也在不断地提升和完善。科技创新可以带来更加先进的技术和管理方法，提高水利工程的效率和质量。比如，利用先进的传感器技术和大数据分析，可以实时监测水利工程的运行状态，及时发现问题并采取相应的措施，保障水利工程的运行安全和稳定。

科技创新也可以推动水利工程管理的软件化和智能化发展。通过引入人工智能技术和云计算等新兴技术，可以实现对水利工程管理的智能化监控和决策，提高水资源的利用效率和水利工程的可持续发展能力。

与此同时，水利工程管理也促进了科技创新的发展。水利工程管理需求需要不断探索和应用新技术，推动科技创新的不断突破。通过与科研机构和高校的合作，可以加速科技成果的转化和应用，推动水利工程管理的创新和发展。

总的来说，水利工程管理与科技创新之间存在着相互促进的关系。科技创新提高了水利工程管理的效率和质量，同时水利工程管理也推动了科技创新的不断发展。这种相互促进的关系将为水利经济的发展提供更为坚实的基础，为水资源的可持续利用和保护做出更大的贡献。

（五）水利工程管理对创新型经济的支持

在当今社会，水利工程管理对于创新型经济的支持作用愈发凸显。随着科技的不断发展和经济形势的变化，传统的水利工程管理模式已经无法完全适应当前的经济发展需求。因此，对水利工程管理进行创新和提升，可以为创新型经济的发展提供强有力的支持。

水利工程管理的现代化可以提高水资源的利用效率，减少浪费，从而降低生产成本，提高经济效益。随着社会经济的快速发展，水资源的需求量不断增加，而供应却有限。通过科学合理地管理水资源，可以确保水资源的稳定供给，保障生产和生活的正常进行，为经济发展提供保障。

水利工程管理的规范化可以提高水利设施的维护和管理效率，减少事故发生的可能性，降低经济损失。在传统经济模式下，水利设施的维护管理常常存在不规范、不及时的情况，容易导致设施损坏，造成经济损失。而通过规范的管理与维护，可以提前发现问题，及时处理，保障水利设施的正常运行，为经济的稳定发展奠定基础。

水利工程管理的智能化和信息化可以提高管理的精准度和效率，为经济发展提供更精细化的支持。随着信息技术的飞速发展，智能化和信息化已经渗透到各个领域，水利工程管理也不例外。通过利用先进的技术手段，可以实现对水资源的精准监测和控制，为经济发展提供更科学的决策支持。

水利工程管理对于创新型经济的支持作用是不可忽视的。通过不断提升管理水平，加强创新和智能化建设，可以为经济发展提供更有力的支持，推动创新型经济向更高水平的发展。

四、水利工程管理与社会经济协调发展

（一）水利工程管理对城乡发展的影响

水利工程管理对城乡发展的影响：水利工程管理是城乡发展中的重要组成部分，通过合理规划和有效管理水资源，可以促进城乡经济的稳定发展。水利工程在城市建设中起着至关重要的作用，不仅可以改善城市基础设施，还可以提高城市的抗灾能力，为城市经济的发展提供有力支撑。同时，水利工程管理也对农村地区的发展起着关键作用，可以提高农田灌溉效率，保障农业生产，促进农村经济的增长。水利工程管理的不断完善和发展，将为城乡发展的协调与健康提供坚实基础。

（二）水利工程管理与畜禽养殖、渔业、旅游业的关系

水利工程管理与畜禽养殖、渔业、旅游业的关系是密不可分的。水利工程的建设和管理对于畜禽养殖、渔业以及旅游业的发展起着至关重要的作用。畜禽养殖、渔业需要充足的水资源来保障生产和发展，而良好的水利工程管理可以有效地调控水资源的供给，保证这些产业的顺利进行。同时，水利工程的建设也可以为畜禽养殖、渔业提供更广阔的生产空间和更优质的生产环境，从而推动这些产业的健康发展。

水资源的合理利用和管理对于旅游业的发展同样至关重要。良好的水利工程管理可以保证旅游景点的水源充足和清洁，为游客提供更好的旅游体验。同时，水利工程的建设也可以改善旅游景区的生态环境，提升旅游业的吸引力和竞争力。因此，水利工程管理与畜禽养殖、渔业、旅游业的关系是相辅相成、互相促进的，共同推动了各产业的良性发展。

（三）水利工程管理促进资源节约和循环利用

水利工程管理对水利经济发展的推动作用至关重要。水利工程管理不仅关乎资源的有效利用，也直接影响了社会经济的协调发展。水利工程在提高水资源利用效率的同时，也对经济的发展起到了积极的促进作用。水利工程管理的有效实施可以帮助实现资源的节约和循环利用，进而推动社会经济的可持续发展。在水资源日益紧缺的今天，水利工程管理的重要性不言而喻。通过科学合理的管理，可以有效地保护水资源，促进资源的合理利用，实现水资源的节约和循环利用。水利工程管理将为水利经济的持续发展注入新的活力，推动经济社会的协调发展。

（四）水利工程管理对生活水平的提高

水利工程管理对生活水平的提高是一个重要的议题。水利工程管理涉及许多关键因素，对水利经济发展有着重要的影响。水利工程在整个经济发展中扮演着不可或缺的角色。通过对水利工程的规划和管理，能够有效地提高水资源的利用效率，实现社会经济的协调发展。水利工程管理不仅可以促进水利经济的发展，还可以对社会生活水平的提高起到积极的推动作用。因此，加强水利工程管理对于促进水利经济的发展和提高人民生活水平具有重要意义。

五、水利工程管理与生态经济可持续发展

（一）水利工程管理与生态环境的协调

水利工程管理与生态环境的协调是当前水利工程建设和发展中非常重要的一环。水利工程管理需要考虑生态环境保护和可持续发展的问题，以确保水资源的有效利用和生态平衡的维护。水利工程对经济发展有着重要的影响，可以促进当地经济的发展和改善人民生活水平。水利工程管理与水利经济发展密不可分，两者相辅相成，共同促进社会经济的健康发展。在实践中，要注重水利工程管理的创新和协调发展，以推动水利工程与生态环境的良性互动，实现经济、社会和生态的可持续发展。

（二）水利工程管理对生态保护的支持

水利工程管理对生态保护的支持，是水资源管理的重要组成部分，对保护生态环境具有重要意义。水利工程管理需要面对许多关键因素，例如水资源的开发利用和保护、水质的监测和控制、生态环境的保护等。水利工程是实现国家水资源管理和经济发展的重要基础设施，对经济的发展起着不可替代的作用。水利工程的建设和管理需要注重生态环境的保护，以保证生态环境的良好状态，进而促进经济的可持续发展。

水利工程管理与水利经济发展之间有着密切的关系。水利工程管理的科学和合理性，直接影响着水利经济的发展。同时，水利工程对经济的发展也有着积极的促进作用。通过科学规划和有效管理水利工程，可以提高水资源的利用效率，促进区域经济的发展。水利工程管理与生态经济的可持续发展密不可分，只有在充分考虑生态环境的前提下，才能实现经济的可持续发展。

总的来说，水利工程管理对生态保护的支持，是实现生态经济发展的重要保

障。通过科学、合理、可持续的水利工程管理，可以保护生态环境，促进经济发展，实现生态经济的可持续发展目标。水利工程管理的重要性不言而喻，只有高度重视水利工程管理，才能保护生态环境，促进经济的健康稳定发展。希望未来在水利工程管理领域能够取得更大的进步，为生态环境的保护和经济的发展贡献更多的力量。

（三）水利工程管理对生态文明建设的贡献

水利工程管理对生态文明建设的贡献是非常重要的。水利工程管理可以有效地保护水资源和生态环境，促进生态文明的建设。通过科学规划和有效管理水资源，可以减少水资源的浪费和污染，保护生态环境的稳定和平衡。水利工程管理还可以促进水资源的均衡分配和有效利用，为生态文明建设提供可持续的保障。通过建设和管理水利工程，可以实现水资源的整体规划和管理，提高水资源的利用效率，保护生态系统的健康，推动生态文明建设的进程。

在生态文明建设中，水利工程管理起着关键的作用。通过优化水资源配置和管理，可以提高水资源的利用效率和保护水资源的质量。同时，水利工程管理还可以有效地减少水灾和干旱对生态环境的影响，保护生态系统的稳定。通过建设和管理水利工程，可以促进流域生态环境的修复和保护，实现生态系统的良性循环，为生态文明建设提供持续的动力。

水利工程管理对于生态文明建设具有重要的意义和作用。只有科学规划和有效管理水资源，才能促进生态文明的建设和发展。水利工程管理不仅可以提高水资源的利用效率和保护水资源的质量，还可以减少水灾和干旱对生态环境的影响，促进生态系统的恢复和保护。通过建设和管理水利工程，可以实现生态环境的可持续发展，推动生态文明建设向更高水平迈进。

（四）水利工程管理对可持续发展的示范效应

水利工程管理对可持续发展的示范效应是非常重要的。水利工程管理在促进水利经济发展的同时，也要注重生态环境的保护，实现经济发展和生态环境的平衡。随着社会经济的快速发展，水资源的有效管理和利用变得至关重要，水利工程管理的示范效应可以引领社会各界更加重视水资源的保护和利用，推动水利工程管理与生态经济的可持续发展。通过科学合理的水利工程管理措施，可以有效保护水资源，提高水资源利用效率，推动经济的可持续发展。同时，水利工程管理也可以为其他行业提供示范，促进整个社会经济的可持续发展。水利工程管理与生态经济的可持续发展密不可分，只有通过水利工程管理的科学规划和有效实施，才能实现生态经济的可持续发展，实现经济、社会和环境的协调发展。水利工程管理不仅是经济发展的关键支撑，更是推动生态经济可持续发展的重要保障。通过不懈努力，我们可以有效利用好水资源，实现经济社会的可持续发展，为子孙后代留下更好的生存环境。

（五）水利工程管理的社会责任和效益

水利工程管理的社会责任和效益是十分重要的。水利工程管理的过程中需要考虑社会的发展需求，促进经济和社会的可持续发展。水利工程管理不仅仅是为了提高水资源利用效率，更是为了满足社会各方面的需求，包括农业、工业、城市和环境等方面。水利工程管理的社会责任包括保护水资源环境，提高水资源利用效率，确保水资源分配的公平和合理，同时促进经济的发展和社会的进步。水利工程管理的效益体现在提高水资源的综合利用效率，促进水资源的节约利用，减少水资源浪费，同时增加水资源的经济效益和社会效益。通过水利工程管理的有效实施，可以实现水资源的可持续利用，提高社会的发展水平，促进经济的繁荣和社会的和谐稳定。水利工程管理的社会责任和效益是相辅相成的，必须紧密结合起来，促进水利工程的健康发展和社会的全面进步。

第四节 水利工程管理的发展策略

一、加强政府引导和监督

（一）政府职能的调整

政府职能的调整对水利工程管理和水利经济发展起着至关重要的作用。政府在水利工程管理中的引导和监督作用不可忽视，只有政府适时地进行职能调整，才能更好地推动水利工程管理和水利经济发展的协调发展。政府在职能调整中需要更加注重对水利工程的规划、监管和资金支持，以确保水利工程的建设与管理能够有效推进，为水利经济发展提供有力支撑。

政府的职能调整既包括了加强对水利工程管理的统筹规划和优化资源配置，也包括了加强对水利工程建设过程中的监督和评估工作。政府需要更好地发挥行政管理和监管职能，督促各级水利管理部门依法履职，推动水利工程建设进展顺利、质量可控。政府还需要积极引导社会资本参与水利工程建设和管理，为水利经济发展注入更多的活力。

政府职能的调整意味着政府要更加注重水利工程管理与水利经济发展的统一，积极推动水利工程管理的创新和改革。政府需要更加重视水利工程在生态经济发展中的重要作用，加大对水利科技创新的支持力度，促进水利工程管理与生态经济可持续发展的有机结合。政府的职能调整不仅是对水利工程管理和水利经济发展的现状进行有效调整，更是为了推动水利工程管理水平的不断提升，为全面建设社会主义现代化国家打下坚实基础。

（二）政策法规的完善

水利工程管理的政策法规的完善是确保水利工程运行顺利、确保水资源的有效利用和保护，以及推动水利经济发展的关键。政府引导和监督是保障水利工程管理顺利进行的重要手段，只有政府部门的有效引导和监督，水利工程管理才能得到更好地实施。完善的政策法规能够为水利工程管理提供坚实的法律依据，是水利工程管理的重要保障。政策法规的完善能够规范水利工程管理的行为，提高水资源利用的效率，促进水利经济的发展。同时，政策法规的完善也能保护水资源环境，促进生态经济的可持续发展。为了更好地推动水利工程管理与水利经济发展的关系，必须不断完善政策法规，加强政府引导和监督，确保水利工程管理能够为经济发展和生态环境的改善做出更大的贡献。

（三）多元化投融资机制的建立

为了推动水利工程管理与水利经济发展的有机结合，必须建立多元化的投融资机制。这样的机制可以有助于吸引更多资金投入水利工程建设和管理，提高工程运行效率和可持续性。同时，政府引导和监督的加强也是确保投融资机制有效运行的重要保障。通过以上措施，可以更好地促进水利工程管理与水利经济发展的良性循环，为生态经济可持续发展奠定坚实基础。

二、推进信息化建设

（一）水利信息化系统的构建

水利信息化系统的构建是水利工程管理中的重要环节，对于水利经济发展和生态经济可持续发展都具有重要意义。推进信息化建设是提高水利工程管理效率和水资源利用效率的关键举措之一。水利信息化系统的建设需要全面考虑水资源管理、水资源调度和水资源利用等方面的因素，以实现水利工程管理的智能化和精细化。

水利信息化系统的构建不仅可以提高水利工程管理决策的科学性和精准性，还能够促进水利工程对经济发展的积极作用。通过信息化系统的建设，可以更好地把握水资源的动态变化，实现水资源的合理配置和高效利用，有效推动水利经济的发展。同时，水利信息化系统的建设还能够进一步完善水利工程管理与水利经济发展之间的关系，促进生态经济的可持续发展。

为了适应信息化时代的发展需求，水利工程管理部门需要不断探索和完善信息化建设的发展策略，加强信息技术的应用和创新，提高信息系统的整合性和智能化水平。只有不断推进水利信息化系统的构建，才能更好地发挥水利工程管理在水利经济发展和社会进步中的重要作用，为实现水资源可持续利用和生态环境保护提供科学依据和技术支撑。

（二）数据共享与开放

数据共享与开放是水利工程管理中至关重要的环节，通过推进信息化建设，实现数据的共享与开放，可以更好地提升水利工程管理效率和水资源利用率。数据的共享与开放有助于促进各部门之间的信息互通，实现资源共享，加强各种水利工程的协同作用，推动水利经济的可持续发展。同时，数据的共享与开放也为水利工程的科学决策提供了有力支持，为相关部门提供更准确、及时的信息参考，进一步推动水利经济的发展与进步。在实践中，应重视数据的准确性和有效性，加强对数据共享与开放的管理与监督，确保数据的安全性和隐私保护，为水利工程的管理和决策提供可靠数据支撑。同时，要建立健全的数据共享与开放机制，促进各方合作，共同推动水利工程管理和水利经济的协调发展。

（三）信息技术应用的创新

在当今社会，信息技术的飞速发展已经成为推动各行业发展的关键因素之一。水利工程管理也不例外，信息技术的应用为水利工程管理带来了许多创新。推进信息化建设已经成为水利工程管理的发展策略之一，而信息技术的应用创新更是对水利工程管理和水利经济发展具有重要意义的一步。通过信息技术的运用，可以更全面、高效地管理水利工程，促进水利工程对经济发展的积极影响，进一步推动水利工程与水利经济发展的有机结合，为生态经济的可持续发展提供更为坚实的支撑。

三、建立健全监测评估机制

（一）管理评估指标的制定

管理评估指标的制定是水利工程管理过程中的重要环节，通过科学、合理地确定评估指标，可以更好地评估水利工程管理的效果和成果。评估指标的制定需要考虑水利工程管理的多方面因素，以确保评估结果客观、准确。建立健全的监测评估机制是保障水利工程管理有效性的关键，只有通过持续监测和评估，才能及时发现问题并采取有效措施加以解决。在制定管理评估指标时，需要综合考虑水利工程对经济发展的影响以及与水利经济发展之间的关系，以实现水利工程管理与经济发展的良性互动。最终目标是促进水利工程管理与生态经济的可持续发展，为实现水资源的合理利用和经济社会可持续发展提供有力支撑。

（二）水利工程管理监测体系的搭建

水利工程管理监测体系的搭建是保障水利工程运行和管理的重要措施。通过建立健全的监测评估机制，可以及时、全面地掌握水利工程运行情况，确保其正常运转。同时，监测体系的搭建也能够帮助相关部门进行科学决策，提高水利工程的管理水平。

在监测体系的搭建中，需要考虑诸多关键因素，包括监测设备的更新换代、监测数据的采集和处理技术、监测指标和标准的制定等。只有在这些关键因素得到有效的考量和落实的基础上，监测体系才能够运行有效，并为水利工程管理提供可靠的数据支撑。

水利工程管理的发展策略中，监测体系的搭建是至关重要的一环。只有通过不断完善和优化监测体系，才能更好地实现水利工程管理的科学化、精细化和精准化。同时，监测体系的搭建也是水利工程管理与水利经济发展紧密联系的表现，为促进水利经济发展提供了有力支撑。

水利工程管理监测体系的搭建是推动水利工程管理不断向前发展的关键一环。只有加强监测体系的建设，才能更好地实现水利工程管理与水利经济发展的良性互动，促进生态经济的可持续发展。愿我们共同努力，为水利工程管理监测体系的搭建贡献自己的智慧和力量。

（三）管理效益评估和改进

管理效益评估和改进是水利工程管理中的重要环节，通过建立健全的监测评估机制，可以及时发现问题并采取有效措施进行改进。水利工程对经济发展有着重要影响，因此必须加强管理来保障其效益。水利工程管理与水利经济发展密切相关，只有高效管理水利工程，才能为水利经济发展提供可靠支撑。水利工程管理也与生态经济可持续发展息息相关，必须采取科学有效的管理策略，以实现经济效益和环境可持续发展的双赢局面。建立健全的监测评估机制是水利工程管理的重要举措之一，只有及时了解工程进展和效益情况，才能有针对性地进行改进，提高管理效益。因此，管理效益评估和改进是水利工程管理中一个不可或缺的环节，必须引起足够重视。

（四）风险管控和应急处置

风险管控和应急处置是水利工程管理中的重要环节。建立健全的监测评估机制可以及时发现和识别潜在的风险，从而采取有效的措施进行管控。在面对突发事件时，要能够迅速应对，采取有效的应急处置措施，最大限度地减少损失。只有做好风险管控和应急处置工作，才能确保水利工程的安全运行，为水利经济发展提供稳定的保障。

（五）水利工程管理的新模式与新技术应用

水利工程管理的新模式与新技术应用对于推动水利经济发展具有重要意义。其中建立健全监测评估机制是关键因素。水利工程对经济发展的影响不可忽视，与水利经济发展的关系密不可分。同时，水利工程管理与生态经济可持续发展息息相关。为了适应新时代的要求，水利工程管理需要不断探索创新，发展新模式和应用新技术。

水利工程管理的新模式和新技术应用不仅对于推动水利经济发展至关重要，更在于其对经济的深远影响。在当今社会，水利工程管理所承担的责任和使命越发凸显，要求我们不断进步和创新。建立健全的监测评估机制是保障水利工程顺利运行的基础，也是挖掘水利潜力的关键。水利工程与经济发展紧密相连，任何一点的疏忽都可能带来不可逆转的损失。

水利工程管理的重要性不仅表现在经济层面上，更需关注其与生态经济的互动关系。水利工程的建设往往涉及到生态环境的改变和保护，需要我们在新技术和新模式中寻找平衡点。只有牢记生态优先，才能保障水利工程管理的可持续发展。

随着时代的不断发展，水利经济也在经历着蜕变和重塑。为了顺应新时代的发展要求，我们需要不断开拓创新，积极探索新模式和应用新技术。只有不断更新观念，引入先进技术，才能使水利工程管理更加高效、智能化，为推动水利经济发展贡献更大力量。

因此，水利工程管理的新模式与新技术应用不仅是当下的需求，更是未来发展的必然趋势。唯有坚持不懈地追求创新，不断提升管理水平，才能在推动水利经济发展的道路上走得更加稳健和长远。愿我们在探索中不断前行，为水利事业的繁荣发展贡献自己的力量。

第五节 水利工程管理与创新发展

一、推动技术创新

（一）科技创新的重要性和现状

水利工程管理是指对水利工程项目进行全面有效的管理，确保项目的高效运行和可持续发展。关键因素包括项目规划、设计、建设、运行、维护等多个环节。水利经济发展对于保障国家经济的稳定增长和社会的可持续发展至关重要，水利工程在其中扮演着重要角色，对经济发展有着深远的影响。水利工程管理与水利经济发展有着密不可分的关系，只有通过科学合理的水利工程管理，才能推动水利经济的可持续发展，实现经济与环境的双重效益。在建立健全监测评估机制的基础上，有效推动技术创新，不断提升水利工程管理的水平，为水利经济发展注入新的动力。科技创新在水利工程管理中的重要性愈发凸显，相关技术的现状也在不断得到改善和提升，促进了水利工程管理的不断创新发展。

（二）技术创新模式的探索

水利工程管理在当今社会的发展中扮演着至关重要的角色，其关键因素包括政府政策支持、专业人才队伍建设、科学技术创新等。水利工程对经济的发展起着不可替代的作用，能够提高国家的水资源利用效率，促进农业、工业和城市发展。水利工程管理与水利经济发展密不可分，两者相互促进、相互作用，共同推动社会经济的健康发展。水利工程管理也与生态经济的可持续发展息息相关，需要建立健全的监测评估机制，保护生态环境，实现经济与环境的协调发展。为推动水利工程管理的创新发展，需要不断推动技术创新，探索新的技术创新模式，提高水利工程的设计、施工、运营等方面的效率和质量，为我国水利事业的发展注入新的活力。

（三）技术成果转化和推广应用

技术成果转化和推广应用是水利工程管理中至关重要的一环。通过不断推动技术创新，水利工程领域的发展将得到更快速的进步。将技术成果进行有效的转化，并广泛应用于实际工程项目中，可以极大地提高水利工程的效率和效益，从而推动整个水利经济的发展。这种转化和推广应用不仅能够带来经济效益，在推动地方经济建设和社会发展方面也具有重要的意义。水利工程管理需要不断探索创新，将各种最新的技术成果纳入实际工程实践中，以实现更高水平的发展。

在技术成果转化和推广应用的过程中，需要建立起一套完善的机制。通过健全的监测评估机制，可以及时了解技术应用的效果和问题，为下一步的改进提供参考。同时，监测评估也能够帮助规范技术应用的程序，确保技术在实践中的有效推广。只有建立健全了监测评估体系，才能够有效地推动技术成果的转化和推广应用。

技术成果转化和推广应用是水利工程管理中不可或缺的一环。只有通过不断推动技术创新，将最新的技术成果应用于实际工程项目中，并建立健全的监测评估机制，才能够实现水利工程管理与水利经济发展的良性互动。同时，将技术成果转化和推广应用有机结合，也能够促进水利工程领域的生态经济可持续发展，为社会经济发展注入新的活力。

（四）技术创新对水利工程管理的影响

技术创新在水利工程管理中发挥着重要作用。随着科技的不断发展，新技术不断涌现，使得水利工程管理更加高效和便捷。技术创新不仅提升了水利设施的建设和运行效率，还改善了水资源利用的方式和效果。通过技术创新，可以实现水资源的智能管理和优化配置，提高水利工程的适应性和可持续性。同时，技术创新也为水利工程管理带来了更多的可能性，例如通过大数据分析、人工智能等技术手段，优化水资源利用结构，提高水资源的综合利用率。

技术创新还在一定程度上改变了水利工程管理的工作方式和方法。传统的水利工程管理主要依靠经验和常规手段，而技术创新则为水利工程管理提供了更多的科学手段和决策支持。通过引入先进的技术手段，可以实现水利工程管理的数字化、智能化和信息化，实现管理过程的透明化和精细化。技术创新使得水利工程管理更加科学、准确和可靠，提高了管理效率和质量。

总的来说，技术创新对水利工程管理的影响是多方面的，不仅提升了管理水平和水资源利用效率，还为水利工程的可持续发展提供了重要支撑。技术创新将继续推动水利工程管理的发展，促使水利工程管理不断迈向新的高度和境界。

（五）技术创新实践案例分析

在水利工程管理中，关键因素是确保水资源的高效利用和维护，以满足经济社会发展的需要。水利工程对经济发展起着至关重要的作用，可以提高农田灌溉效率，保障城市供水安全，促进水资源的综合利用。水利工程管理与水利经济发展密不可分，通过科学规划和有效管理，可以实现水资源的可持续利用和生态保护，推动区域经济的繁荣。

在实践中，要注重建立健全的监测评估机制，及时了解水资源利用的情况和存在的问题，制定相应的管理措施。同时，水利工程管理需要不断推动技术创新，引入先进的技术和设备，提高管理效率和水资源利用率。通过技术创新，可以实现水利工程管理的节约型、安全型、高效型，促进经济效益和社会效益的双赢。

为了更好地推动技术创新，需要进行技术创新实践案例分析，深入挖掘成功的技术应用案例，总结经验教训，为未来的水利工程管理提供借鉴和指导。通过不断积累实践经验和完善管理体系，可以实现水利工程管理与生态经济可持续发展的良性循环，为社会经济的可持续发展贡献力量。

二、增强管理创新

（一）管理创新的特点和路径

在水利工程管理中，管理创新是至关重要的。只有不断推动管理创新，才能更好地适应时代的发展需求。管理创新不仅是在管理理念和方法上的不断探索，更是在管理体系和机制上的不断完善。要实现管理创新，必须要加强组织机构的建设，构建科学的管理体系，推动全员参与管理创新。同时，还需要不断提高管理者的领导能力和创新意识，激发员工的工作热情和创造力，建立起一个良好的管理创新氛围。

管理创新的路径是多样的，可以通过加强科学技术支撑，不断引进新技术、新装备，提高水利工程管理的精细化水平；可以通过完善管理制度，更好地规范管理行为，增强决策科学性和透明度；还可以通过加强人才培养，培养一支高素质的水利工程管理团队，为管理创新提供坚实的人才基础。只有不断推动管理创新，不断探索适合水利工程管理实践的新路径，才能更好地推动水利经济发展，实现水利工程管理与水利经济发展的良性互动。

（二）信息化、智能化管理系统

信息化、智能化管理系统可以提高水利工程管理的效率和准确性，为水利经济发展提供有力支持。通过建立健全监测评估机制，可以及时了解水利工程的运行状况，有效预防和解决可能出现的问题，提高水资源的利用效率。同时，管理创新也是推动水利工程发展的重要手段，通过不断探索新的管理模式和方法，可以优化资源配置，提高经济效益。

水利工程管理与创新发展密不可分，只有加强管理创新，不断推动技术创新和制度创新，才能更好地适应社会经济的发展需求。信息化、智能化管理系统在这一过程中起着至关重要的作用，它可以实现对水利工程的实时监控和管理，提高数据处理的速度和精度，为管理决策提供科学依据。

综合而言，水利工程管理与水利经济发展密切相关，需要不断探索创新发展的路径，推动管理水平的提升，实现水利工程的可持续发展。信息化、智能化管理系统的引入，则为实现这一目标提供了强大的支持和保障。只有不断加强管理创新，完善监测评估机制，借助现代科技手段，才能实现水利工程管理与水利经济发展的良性互动，为我国水利事业的繁荣和发展做出更大的贡献。

（三）管理创新对水利工程项目的提升

在当前社会环境下，水利工程管理已经成为推动水利经济发展的重要因素。水利工程管理不仅仅是对水资源的维护和开发，更是对整个社会经济的发展起到了关键作用。水利工程通过对水资源的科学利用和配置，可以有效地提升区域的水资源利用效率，促进农业、工业和城市发展。水利工程管理的重要性在于保障了国家水资源的安全、提高了水资源的利用效率，进一步推动了水利经济的发展。

水利工程的建设和管理对经济发展具有重要的影响。水利工程的规划和建设不仅可以增加当地的水资源供应，还可以改善水资源的利用结构，促进水资源的合理配置，从而提升了水资源的利用效率，推动了当地经济的发展。水利工程管理与水利经济发展的关系密切，两者相辅相成，共同推动了社会经济的快速增长。

水利工程管理还与生态经济可持续发展息息相关。良好的水利工程管理可以有效地保护水资源和生态环境，保障生态系统的平衡与可持续发展。水利工程管理的发展策略需要建立健全监测评估机制，不断完善管理模式，增强管理创新，才能更好地推动水利工程项目的提升，实现水利工程管理与生态经济的可持续发展。

在未来的发展中，管理创新将成为水利工程项目中的重要推动力量。只有不断加强管理创新，不断探索新的管理方法和手段，才能使水利工程项目在经济发展中发挥更大的价值，实现经济效益和社会效益的双赢。管理创新对水利工程项目的提升具有重要意义，在实践中需要不断总结经验，积极探索适合不同地区不同条件的管理模式，不断提高水利工程管理的水平和效率。

三、强化人才培养

（一）人才培养的重要性和现状

人才培养是水利工程管理中至关重要的环节，只有经过系统的培训和培养，才能培养出一批优秀的水利工程管理专业人才。然而，目前我国水利工程管理领域仍存在着人才短缺的问题，需要加大人才培养的力度，培养更多的专业人才来满足水利工程管理发展的需要。

（二）人才培养机制的完善

在水利工程管理与水利经济发展的探究中，人才培养机制的完善至关重要。通过建立健全的人才培养体系，可以为水利工程管理和水利经济发展提供坚实的人才支撑。强化人才培养不仅能够提高水利工程管理的专业水平，还能够推动水利经济发展的持续增长。在当前形势下，人才培养机制的不断完善和创新发展是至关重要的。只有通过加强人才培养，培养出更多的水利工程管理和水利经济发展的专业人才，才能更好地应对日益复杂的水利工程管理和水利经济发展挑战。因此，建立健全的人才培养机制，成为促进水利工程管理与水利经济发展的关键所在。

（三）人才培养对水利工程管理的支持

人才培养对水利工程管理的支持是非常重要的。水利工程管理需要具备专业知识和技能的人才来进行规划、设计、建设和运营管理。只有拥有优秀的人才，才能够保证水利工程项目的高质量完成，并有效地发挥水资源的作用，推动水利经济的发展。因此，加强人才培养，提高水利工程管理人才的整体素质和能力，对于推动水利工程管理的发展起着至关重要的作用。

要加强人才培养，首先需要建立健全的教育培养体系，培养出具备水利工程管理专业知识和技能的优秀人才。通过优质的教学资源和教学环境，培养学生的实际操作能力和解决问题的能力，使他们能够胜任未来水利工程管理领域的工作。同时，还要积极引导学生参与实践活动，提高他们的实践能力和团队协作能力，在实践中不断积累经验。

人才培养还需要加强对学生的思想政治教育，培养学生的社会责任感和团队合作精神，使他们成为能够为社会、为国家做出贡献的优秀水利工程管理人才。通过教育培养，提高学生的综合素质，培养他们的创新意识和实践能力，为未来水利工程管理的发展奠定坚实的人才基础。

总的来说，人才培养是推动水利工程管理发展的关键环节，只有加强人才培养，培养出优秀的水利工程管理人才，才能够保证水利工程管理工作的顺利进行，为水利经济的发展做出更大的贡献。因此，人才培养对于水利工程管理的支持是非常重要的，必须引起各方的重视和关注。

（四）人才培养的新思路和新模式

在人才培养领域，出现了一些新思路和新模式，为水利工程管理和水利经济发展注入了新的活力和动力。教学方法的创新是其中之一，将传统的课堂教学与实践相结合，注重学生的实际操作能力和团队合作能力的培养。通过项目化教学、问题导向教学等方式，激发学生的学习兴趣，提高他们的创新能力和解决问题的能力。

在课程设置方面也进行了一些创新，引入了一些前沿的水利工程管理理论和技术，让学生接触到最新的行业动态和发展趋势。同时，加强了对实践环节的安排，为学生提供更多的实际操作机会和实地调研的机会，锻炼他们的实际应用能力和综合素质。

这些新思路和新模式的出现对人才培养具有重要意义。可以有效地提高学生的综合素质和实际操作能力，使其更好地适应未来水利工程管理岗位的需求。可以培养学生的创新意识和解决问题的能力，使其在实践中能够灵活应对各种复杂情况。最重要的是，可以为我国水利工程管理领域输送更多高素质的专业人才，推动水利经济的健康发展。

因此，强调人才培养领域的创新发展是水利工程管理和水利经济发展的需要，只有不断完善教学体系，培养出更多的高素质人才，才能更好地推动水利事业的发展，促进水利经济的蓬勃发展，推动生态经济的可持续发展。这也将是我国水利工程管理领域未来发展的重要方向和趋势。

（五）人才培养的实践成果评估

水利工程管理与水利经济发展密不可分，人才培养是其中至关重要的一环。通过多年的实践，我们可以看到人才培养在水利工程管理和水利经济发展中取得了显著成果。

学生能力得到了显著提升。在专业课程学习的基础上，学生通过实践活动和实习实践，培养了解决实际问题的能力，提高了工程设计和管理水平。学生的就业率明显提高。水利工程管理相关专业的学生因为具备扎实的理论知识和丰富的实践经验，受到了社会各界的青睐，就业率较高。再者，社会反馈也非常积极。通过实践活动，学生与社会各界深度互动，得到了各方面的认可和支持。

人才培养的实践成果可谓斐然，然而也应认识到还有很多不足之处。需要进一步完善人才培养体系，加强实践环节，提高学生的综合素质。还需与社会不断对接，倾听社会需求，为水利工程管理和水利经济发展服务。

总的来说，人才培养在水利工程管理和水利经济发展中发挥着不可替代的作用，取得了令人瞩目的成果。但仍有许多方面有待进一步改进和提高，才能更好地适应水利工程管理和水利经济发展的需要，为实现水利工程管理与水利经济发展的良性互动作出应有的贡献。

第二章 水利工程管理的主要内容

第一节 水利工程规划

一、水资源调查和评估

（一）水资源勘测技术

水资源勘测技术是水利工程管理中不可或缺的一环，主要用于获取水资源的空间分布、数量和质量等信息。目前主要的水资源勘测技术包括卫星遥感技术、地面勘测技术和地质勘探技术。

卫星遥感技术是一种通过卫星传感器获取地面信息的技术，具有广覆盖、高分辨率和实时监测等优势。它可以用于监测水体面积和变化情况，分析地表水资源在时间和空间上的变化趋势，为水资源管理提供重要数据。然而，卫星遥感技术也存在受云层和大气影响、数据处理复杂等问题。

地面勘测技术主要包括水文测量、水文站网建设和地面水资源调查等方法。这些技术具有操作简单、实时性好和数据准确性高等优点，可以为现场水资源勘测提供可靠数据支持。然而，地面勘测技术受到天气条件和地形地貌限制，覆盖范围有限。

地质勘探技术是通过采集地下水文地质信息来揭示地下水资源的分布特征。这种技术具有能够获取深层地下水信息和探测地下水文地质结构的优势，可以为水资源勘测提供更全面的数据支持。不过，地质勘探技术需要投入较大的人力物力，并且受到地质条件复杂性的影响。

不同的水资源勘测技术各有优劣，可以相互补充和结合使用，以更全面、精确地获取水资源信息，为水利工程管理和水利经济发展提供科学依据。在未来的

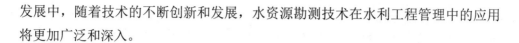

发展中，随着技术的不断创新和发展，水资源勘测技术在水利工程管理中的应用将更加广泛和深入。

（二）水资源评估方法

包括定量评估和定性评估两种方法。定量评估是通过数学模型和统计分析来量化水资源的供需状况和水资源利用效率，其中常用的方法包括水平衡分析、水资源评价模型和水资源利用效率评价模型等。水平衡分析是通过对水资源的输入和输出进行量化分析，来评估水资源的供需平衡情况，从而为水资源管理提供科学依据。

水资源评价模型是依托不同的评估指标和评价方法，综合考虑地域特点和水资源利用需求，对水资源进行定量评估和综合评价。这种方法适用于评估不同地区或不同时间段水资源的利用效率和可持续性，并为水资源规划和管理提供科学决策支持。

定性评估则是基于专家经验和实地调研，通过主观性的判断和分析来评估水资源的质量和可持续性。例如，通过对水资源的生态环境影响和社会经济效益进行分析，来评估水资源的综合利用价值和潜在风险。这种方法适用于信息不完全或数据不足的情况下，为水资源管理提供参考依据。

总的来说，水资源评估方法的选择应根据评估目的、评估对象和评估环境等因素，综合应用定量评估和定性评估方法，以科学合理的方式评估和管理水资源，促进水利工程管理与水利经济发展的有序推进。

（三）水资源保护措施

水资源保护是水利工程管理的重要内容之一，也是促进水利经济发展的关键因素。在当前全球水资源日益紧缺的情况下，采取有效的水资源保护措施，保护水资源的稳定性和可持续利用，对于推动社会经济可持续发展具有重要意义。

水资源保护措施主要包括政策法规、技术措施和管理措施。政府部门需出台相关的管理制度和政策法规，明确水资源管理的责任主体和权力范围，从法律层面保障水资源的合理利用和保护。同时，还需加强水资源调查和评估工作，掌握水资源的实际情况，为制定科学合理的水资源管理方案提供数据支持。

在技术方面，推广先进的水资源利用技术是保护水资源的重要手段之一。例如，开展水资源的综合开发利用，实施水资源智能化管理，推动水资源的高效利用和节约。加强水资源的监测和预警，及时发现和处理水资源污染和浪费问题，保障水资源的质量和数量安全。

管理措施是水资源保护的重要环节，合理规划水资源利用格局，建立健全的水资源管理体系，加强水资源的保护和治理工作，提升水资源的可持续利用能力。同时，通过加强水资源知识的普及和宣传教育，提高社会公众对水资源保护的认识和重视程度，形成全社会共同参与的水资源保护合力。

在实施水资源保护措施的过程中，需要政府、企业和公众各方通力合作，共同为水资源保护事业贡献力量。只有通过全社会的共同努力，才能实现水资源保护工作的可持续发展，有效推动水利经济的健康发展。

（四）水资源可持续利用

水资源是维持社会经济发展和生态环境平衡所必不可少的重要资源，因此实现水资源的可持续利用至关重要。水资源的可持续利用意味着在确保水资源长期供应的前提下，更好地保护生态环境，实现资源的有效利用。而实现水资源的可持续利用需要综合考虑多方面因素，采取一系列综合措施。

资源再生利用是水资源可持续利用的重要方面之一。通过技术手段对污水进行处理，使其成为再生水资源供给工业、农业和生活用水，可以有效减少对地表水和地下水的依赖，实现水资源的可持续利用。通过推广水资源回收再利用技术，将废水、雨水、地下水等资源综合利用，提高水资源的综合利用率，达到节约资源的目的。

除了资源再生利用外，实施节水措施也是实现水资源可持续利用的重要途径之一。合理利用水资源、减少浪费、提高用水效率，不仅可以延长水资源的利用寿命，还可以降低用水成本，提高水资源利用效益。例如，通过推广节水灌溉技术、减少压力管网漏水等方式，有助于实现水资源的可持续利用。

保护生态环境也是实现水资源可持续利用的重要环节。维护水体生态系统的平衡，保护水资源的生态功能，对于维持水资源的持续供应至关重要。通过生态环境保护，保护水源地、湿地等生态系统，实现水资源的生态平衡，促进水资源的可持续利用。

实现水资源的可持续利用需要采取综合措施，包括资源再生利用、节水措施、生态环境保护等多方面，并积极推动技术创新、政策支持等措施，以实现水资源的长期可持续利用，为水利经济的健康发展提供坚实支撑。

（五）水资源规划案例分析

近年来，随着社会经济的快速发展和人口的持续增长，水资源稀缺问题愈发突出。在这种背景下，水利工程管理和水利经济发展变得愈发重要。在水资源规划方面，一些经验丰富的地区提出了一些成功的案例。

以某省水资源规划为例，该省地处干旱地区，面临严重的水资源短缺问题。为了解决这一问题，当地政府制定了一项全面的水利工程规划，旨在提高水资源利用效率，保障城乡居民的用水权益。

该规划的主要目标是在尊重生态环境和可持续发展的基础上，通过科学规划和管理，解决水资源短缺问题。实施过程中，政府部门与专业水利工程师紧密合作，进行了大量的现地调研和数据收集，为规划实施提供了有力支撑。

在规划实施的过程中，各项措施落实到位，取得了良好的效果。水资源的利用效率得到了显著提高，居民的用水需求得到了有效保障。同时，水利工程建设和管理实现了节约资源、减少浪费的目标，为地区的经济社会发展注入了新的动力。

通过这个案例的分析，我们不难看出，科学规划和有效管理是解决水资源短缺问题的关键。只有充分利用科学技术手段，加强规划管理，才能实现水资源的可持续利用和经济社会的可持续发展。希望未来可以在更多地区推广这种成功的水资源规划经验，为全国的水利工程和水利经济的发展做出更大的贡献。

二、水利工程设计

（一）水利工程设计原理

水利工程设计原理是指在水利工程规划的基础上，根据不同的地质地貌特征、气候条件、水文水资源情况等因素，运用相关的水利工程技术理论和方法，按照技术、经济、环境、社会等多方面要求，对水利工程进行合理的布局、选址、结构形式和建设方案设计，以实现水资源的综合利用和管理。水利工程设计原理是水利工程管理的核心内容之一，其设计过程需要考虑到水文水资源特征、水土保持、生态环境保护、水土工程技术等方面的因素，确保工程建设的可靠性、安全性和经济效益。水利工程设计原理的实施不仅要注重技术方面的先进性和科学性，还需要充分考虑当地资源状况、社会文化因素、可持续发展要求等方面，使设计方案符合当地的实际情况和未来发展需求。水利工程设计原理的正确应用能够有效提高水利工程建设的质量和效益，促进水资源的可持续利用和合理配置，为水利经济的发展做出积极贡献。

（二）水利工程设计软件应用

水利工程设计软件是现代水利工程管理工作中必不可少的重要工具，它可以帮助工程师快速高效地进行设计工作，提高设计质量和效率。水利工程设计软件具有自动化、数字化、智能化等特点，能够准确地进行水文水资源计算、水利工程优化设计、施工图绘制等工作，大大提高了水利工程设计的科学性和准确性。

通过水利工程设计软件的应用，工程师可以快速进行水利工程规划设计，根据不同地区的水资源情况和工程需求，制定合理的设计方案，实现节约资源、保护环境的目的。同时，水利工程设计软件还可以进行工程参数的优化调整，提高工程效益，使工程得到最大的经济和社会效益。

水利工程设计软件还具有多种功能模块，可以模拟各种水利工程场景，进行仿真分析，评估工程可行性，预测工程效果，为工程的实施提供重要的参考依据。通过水利工程设计软件的应用，可以有效减少人为错误，提高工程的设计水平和质量，为水利工程管理和水利经济发展提供强有力的支持。

（三）水利工程建设标准

水利工程建设标准是指根据水资源特点和利用要求，根据相关法律法规和政策规定，根据水利工程建设经验和技术发展要求，对水利工程建设所应遵循的一系列准则、规定和约束。水利工程建设标准对水利工程设计、施工、运行和管理等方面提出了明确要求，是水利工程建设工作的基础和核心。建设标准的制定和实施，对于提高水利工程建设的质量、安全性和效益性具有重要意义和作用。

根据水利工程的特点和要求，水利工程建设标准主要包括水文水资源条件分析、水利工程规划设计、水资源利用效率、水工建筑物建设要求、工程质量管理、施工安全监理等方面的内容。建设标准的制定应根据具体工程的实际情况，科学合理地确定各项标准和要求，确保水利工程建设工作的顺利进行和顺利完成。

水利工程建设标准的实施需要水利工程建设单位和相关管理部门的密切配合和监督管理。建设单位应严格按照建设标准的要求进行规划设计、施工建设和验收运行，确保水利工程的质量和安全。管理部门应加强对建设单位的监督检查，及时发现和解决存在的问题和隐患，确保水利工程建设的顺利进行和合理实施。水利工程建设标准的完善和实施，将促进水利工程管理水平的提高，推动水利经济发展的稳步增长。

三、水利工程建设

（一）水利工程施工管理

水利工程规划是水利工程管理中至关重要的一环，只有科学合理的规划，才能确保水利工程建设的顺利实施。水利工程规划需要考虑到当地的地质环境、气候条件以及当地居民的生活需求，以确保建设的水利工程能够真正为当地人民造福。在水利工程规划中，需要从长远的发展角度出发，充分考虑到未来可能的变化和发展需求，以确保水利工程的可持续发展。

水利工程建设是水利工程管理中的核心环节，也是实现水利经济发展的重要手段。水利工程建设需要在规划的基础上，科学合理地选择建设方案，并制定详细的施工计划。水利工程建设过程中需要严格遵守相关法律法规，确保建设过程的合法性和安全性。同时，水利工程建设还需要充分考虑到环境保护和生态平衡等因素，以确保水资源的可持续利用。

水利工程施工管理是水利工程建设过程中的关键环节，也是保障工程施工质量和进度的重要保障。水利工程施工管理需要充分考虑到工程的特点和复杂性，科学合理地制定施工方案和施工计划。在水利工程施工管理中，需要严格执行施工管理制度，加强协调沟通，确保施工过程中各方的合作顺畅。同时，水利工程施工管理还需要加强安全管理，确保施工过程中的安全生产。只有在严格的施工管理下，才能保证水利工程建设的顺利实施，为水利经济发展做出贡献。

（二）水利工程材料选用

水利工程材料选用是水利工程管理中的重要环节。选用合适的材料对于水利工程的建设和运行具有决定性影响。在进行水利工程材料选用时，需要考虑材料的性能、耐久性、经济性以及对环境的影响等方面。同时，合理选择材料还需充分考虑工程的具体情况和要求，确保材料的选择符合工程设计要求。在水利工程建设过程中，材料的选用不仅影响工程的质量和安全性，还关系到工程的经济效益和可持续发展。因此，在水利工程管理中，水利工程材料选用是一个需要高度重视的方面。在实际工程中，应严格按照相关标准和规范进行材料选用，确保水利工程的稳定性和可靠性。通过科学合理的材料选用，可以提高水利工程的建设质量，降低建设成本，促进水利经济的可持续发展。

（三）水利工程安全保障

水利工程安全保障是水利工程管理中至关重要的一环。在水利工程规划和建设过程中，保障水利工程的安全性和稳定性是至关重要的。只有确保水利工程的正常运行，才能有效的发挥其在水利经济发展中的作用。水利工程的安全保障涉及到多个方面，包括对水库、堤坝等水利设施的定期检查和维护，以及合理的水利工程管理和运行措施等。只有通过科学合理的水利工程管理和安全保障措施，才能有效地推动水利经济的发展，实现人们对水资源的高效利用和对水环境的有效保护。在未来的水利工程规划和建设中，更加重视水利工程的安全保障问题，是至关重要的。

四、水利工程运营与维护

（一）水利工程运营管理

在水利工程运营管理方面，规划是至关重要的一环。只有经过科学合理的规划，才能确保水利工程的顺利运营和有效维护。水利工程的规划需要考虑到各种因素，包括地理环境、气候条件、水资源分布等，以确保工程建设和运营的可持续性。同时，规划还需要考虑到未来的发展需求，以及不断变化的社会经济形势，从而为水利工程的长期运营提供有效的指导。

水利工程的运营与维护是确保工程持续发挥作用的关键。只有通过科学合理的运营管理，才能保证水利工程的正常运行，减少事故发生的可能性。水利工程的维护工作需要定期进行，包括设备检查、管道清洁、修缮工作等，以确保工程设施的完好无损。同时，运营管理还需要考虑到资金、人力资源等方面的合理配置，以确保水利工程的顺利运行。

水利工程的运营管理是一个复杂而又重要的环节。只有通过科学规划、有效运营以及及时维护，才能保证水利工程的正常运行和有效发挥作用。水利工程管理者需要具备丰富的经验和专业知识，将各项工作有机结合起来，为水利经济的发展做出贡献。

（二）水利工程维护保养

……而水利工程维护保养是确保水利工程长期稳定运行的关键环节。水利工程维护保养工作主要包括设备设施的定期检查、维修和更换，以及水文水情监测和数据分析等内容。水利工程维护保养不仅需要科学严谨的技术手段和方法，更需要具备丰富的实践经验和灵活应对各种突发情况的能力。只有确保水利工程设施的完好无损和正常运行，才能更好地为水利经济发展提供可靠的保障。水利工程维护保养是水利工程管理中至关重要的一环，直接影响着水利工程的运行效率和持续发展。在日常管理中，水利工程管理者需加强对水利设施的维护保养工作，提高技术水平，保证水利工程设施的安全可靠运行，为水利经济的持续发展和社会进步作出积极贡献。

（三）水利工程灾害应对

水利工程灾害应对是水利工程管理中非常重要的一部分，是为了保障水利工程安全稳定运行和保障人民群众生命财产安全而必不可少的措施。在应对水利工程灾害的过程中，需要做好灾害预警、监测和应急响应等工作，以及开展水利工程灾害风险评估和防范工作，提高水利工程抗灾能力。只有做好水利工程灾害应对工作，才能确保水利工程的安全可靠运行，促进水利经济的健康发展。在未来的发展中，水利工程管理者需不断加强技术研究和管理经验积累，提高水利工程管理的水平和效率，为促进水利经济发展做出更大的贡献。

五、水利工程改造与升级

（一）水利工程改造技术

水利工程改造技术是水利工程管理中至关重要的一环，通过采用先进的技术手段对水利工程进行改造与升级，可以提高水资源的利用效率和水利工程的整体性能。在改造技术中，常常涉及到水利工程的结构加固、设备更新、智能化控制系统等方面，以确保水利工程具有更好的稳定性和持久性。同时，随着科技的不断进步，新型的改造技术也在不断涌现，为水利工程的管理和维护提供更多的选择。通过对水利工程改造技术的研究和应用，可以不断提升水利工程的整体性能，推动水利经济的发展，实现水资源的可持续利用和保护。

（二）水利工程升级措施

对于水利工程的升级措施，需要进行详细的规划和改造工作。首先要全面了解水利工程的现状，分析存在的问题和不足之处，然后根据实际情况制定合理的规划方案。在进行水利工程的改造和升级时，需要注重技术、经济和环境因素的综合考虑，确保改造工作顺利进行并取得良好的效益。同时，在升级的过程中要注意工程施工的安全和质量，保障水利工程的长期稳定运行。在实施升级措施的过程中，需要充分发挥团队的协作能力，保持沟通和信息共享，确保整个升级工作顺利完成。通过这些努力，可以提高水利工程的管理水平，促进水利经济的发展，为国家的可持续发展做出贡献。

（三）水利工程效益评估

水利工程效益评估是水利工程管理中非常重要的环节。通过对水利工程效益进行评估，可以全面了解水利工程运行情况，及时发现问题，并采取相应措施进行调整和完善。水利工程效益评估不仅仅是对工程投资回报率的评定，更是对水资源利用效果、环境影响、社会效益等多方面的考量。只有通过科学客观的评估方法，才能准确反映水利工程的综合效益，为水利经济发展提供有力支撑。

在实际工作中，水利工程效益评估需要综合考虑多个因素，包括工程本身的投资成本、运行维护费用、水资源利用效率、经济效益、社会效益等。只有全面、系统地评估这些因素，才能真实反映水利工程的整体效益情况。同时，水利工程效益评估还需要充分考虑不同地区、不同类型水利工程的特点，因地制宜地确定评估指标和方法，确保评估结果具有科学可靠性。

水利工程效益评估的结果将直接影响水利工程的建设和运营管理，对于提高水利工程的综合效益、加快水利经济发展具有重要意义。因此，作为水利工程管理者，必须重视水利工程效益评估工作，加强对评估方法和技术的学习和应用，不断提升评估水平，为水利工程的可持续发展贡献力量。

水利工程效益评估的重要性不言而喻。只有通过科学的评估方法，才能更好地了解水利工程的实际效益，从而指导工程的建设和管理。针对不同类型的水利工程，评估指标和方法也需因地制宜，确保评估结果具有可靠性和科学性。水利工程效益评估不仅仅是对工程本身的一种考量，更是对整个水利事业发展的促进和保障。通过不断提升评估水平，水利工程管理者可以更好地把握工程的发展方向，提高工程的综合效益和社会效益。

水利工程效益评估还能为相关部门提供决策参考，为整个水利行业的发展提供有力支撑。通过科学准确地评估工程的效益，可以更好地制定相关政策和规划，推动水利事业的发展。而且，评估结果也可以为投资者和相关利益方提供可靠的参考，促使他们更加注意水利工程的效益和可持续性发展。在不断加强评估工作的基础上，水利工程管理者还应不断提升自身的专业水平，积极应用新技术、新方法，为水利工程的可持续发展注入新的活力。

总的来说，水利工程效益评估是水利工程管理中不可或缺的一环，只有通过全面细致的评估工作，才能更好地发挥水利工程的作用，为水资源的合理利用和社会经济的可持续发展提供坚实的支撑。水利工程管理者应加强对评估工作的重视，不断提升水利工程效益评估的水平和质量，为水利事业的发展贡献自己的力量。

第二节 水利经济发展探究

一、水资源经济价值分析

（一）水资源市场化价值

水资源市场化价值，是指将水资源纳入市场机制，通过市场交易的方式实现水资源的有效配置和管理，以提高水资源利用效率和保护水资源环境。水资源作为一种重要的生产要素和生活必需品，其市场化价值体现在促进资源优化配置、激励节水技术创新、推动水资源管理体制改革方面具有重要意义。水资源市场化价值与水资源经济价值息息相关，水资源市场化可以有效提高水资源的经济价值和社会价值，促进水资源的可持续利用和管理。在水利工程管理与水利经济发展探究的背景下，水资源市场化价值的研究将为提高水资源利用效率、推动水资源管理方式创新、促进水利工程可持续发展等方面提供重要参考和支撑。水资源市场化是当前水利工程管理领域中一个重要且急需研究的课题，通过深入探讨水资源市场化的原理、机制和实践经验，不仅可以为提高水资源管理效率、促进水资源可持续利用提供重要决策支持，也有助于推动水利工程管理与水利经济发展的协调发展，为我国水资源保护与管理提供有力保障。

（二）水资源生态价值

水资源生态价值是指水资源对人类生存和社会发展的重要性，同时也包括水资源对生态系统的维持和改善所产生的影响。水资源的生态价值与人类经济活动息息相关，对于保护生态环境、维护人类健康具有重要意义。通过对水资源的生态价值进行分析和研究，可以更好地认识水资源的重要性，进一步推动水资源管理工作的开展。在当前水资源日益紧缺的情况下，加强对水资源的综合利用和保护，不仅可以促进水利工程的规划和改造，也有利于水利经济的可持续发展，实现经济效益与生态效益的双赢局面。水资源生态价值的逐步凸显，为水利工程管理和水利经济发展提供了新的思路和路径。

（三）水资源经济激励机制

水资源经济激励机制是指通过一定的经济手段和政策措施，激励各方在水资源管理和利用中积极参与和合作，推动水资源的高效利用和可持续发展。该机制不仅可以激发政府、企业和个人的积极性，也可以促进水资源市场的健康发展，实现水资源保护和经济增长的双赢局面。在水资源经济激励机制的支持下，水利工程规划和改造升级得以加快推进，为水利经济发展提供更加坚实的基础。同时，通过水资源经济价值分析，可以更清晰地认识水资源的经济价值，为决策提供科学依据，引导各方更好地保护和管理水资源。水资源经济激励机制的建立和完善，将为我国水利工程管理和水利经济发展注入新的动力和活力，实现水资源的可持续利用和发展。

（四）水资源资源税征收

水资源资源税的征收对于水利工程管理和水利经济发展具有重要意义。通过对水资源的合理收费和税收政策制定，可以有效提高水资源利用效率，推动水利工程规划的实施和水利工程的改造与升级。同时，水资源资源税的征收也能够促进水资源经济价值的分析，进一步深化对水资源的认识，为水资源的合理管理和可持续利用提供支持。在实际操作中，水资源资源税的征收需要建立完善的征收机制和监督体系，确保税收收入的合理使用和水资源管理的科学决策。通过水资源资源税的征收，可以实现水利工程管理与水利经济发展的双赢局面，推动水资源的可持续利用和管理。

二、水资源管理政策

（一）水利政策法规

政府出台了一系列水利政策法规，旨在规范水利工程管理与促进水利经济发展。这些政策法规涉及水利工程规划、改造与升级，以及水资源管理政策等方面。通过执行这些政策法规，可以有效地优化水资源配置，提高水资源利用效率，促进水利经济的持续发展。同时，政府也将继续加大对水利工程建设与维护的投入，确保水利工程的长期稳定运行，为国家的经济发展提供可靠的水资源保障。

（二）水资源管理制度

水利工程管理是一项重要的工作，在水资源管理制度中扮演着关键的角色。水利工程规划是确保水资源充分利用的重要手段，通过水利工程规划可以有效地管理水资源。水利工程改造与升级是提高水资源利用效率的关键措施，通过对水利工程进行改造和升级，可以使水资源得到更有效的利用。水利经济发展探究是关于水资源在经济发展中的作用和价值的研究，通过水利经济发展探究可以促进经济的健康发展。水资源管理政策是指针对水资源管理制定的具体政策措施，通过水资源管理政策可以有效地保护水资源。水资源管理制度是指管理水资源的制度体系，通过水资源管理制度可以实现对水资源的有效管理和保护。

（三）水资源税收政策

水资源税收政策的实施对于水利工程管理和水利经济发展具有重要意义。通过制定合理的税收政策，可以引导和调节水资源的开发利用，促进水利工程规划的落实和水利工程的改造与升级。同时，税收政策也可以在一定程度上调动社会各界的积极性，推动水资源管理政策的顺利实施，为水资源的可持续利用与保护提供有力支持。在制定水资源税收政策时，需要充分考虑市场需求和资源禀赋，确保税收政策的公平性和透明性，以确保税收的合理性和有效性。税收政策的落实也需要加强监督和评估，以保障税收资金的有效使用和水资源管理政策的顺利实施。通过建立健全的税收政策体系，可以为水利工程管理和水利经济发展提供良好的政策环境，并为水资源的合理利用和管理奠定坚实基础。

（四）水资源补偿机制

水资源补偿机制是指为了保护、管理和合理利用水资源而对相关利益相关方进行经济补偿的制度安排。通过实行水资源补偿机制，可以促进水资源的高效利用，提高水资源利用效率，保障生态环境的持续发展。水资源管理政策的制定对于水利工程规划、水利工程改造与升级以及水利经济发展的探究具有重要的指导意义。水资源管理政策应当充分考虑社会、经济和环境的多方面利益，确保水资源的可持续利用和合理配置。水利工程规划需要符合全面、协调、可持续的原则，统筹考虑城乡发展需要和生态环境保护方面的要求。水利工程改造与升级必须重视技术创新和管理创新，提高水利设施的运行效率和综合效益，推动水利工程向智慧化、数字化方向发展。水利经济发展的探究需要深入研究水资源的市场化配置机制和经济激励政策，为水资源的高效利用和保护提供经济支持和政策保障。通过积极探索和实践，不断完善水资源补偿机制，推动水利工程管理和水利经济发展朝着更加科学、合理和可持续的方向发展。

三、水利工程投资

（一）水利工程融资方式

水利工程融资方式是指用于水利工程建设和运营的资金来源和渠道。水利工程的融资方式多样化，包括政府投资、银行贷款、发行债券、吸引社会资本等方式。不同的融资方式有不同的特点和适用范围，可以根据具体项目情况选择合适的方式。在实际应用中，水利工程融资方式需要综合考虑项目规模、资金需求、风险控制等因素，以确保资金安全和项目顺利进行。通过合理选择和灵活运用融资方式，可以有效支持水利工程建设，推动水利经济的发展。

水利工程的融资方式不仅仅是单一的选择，而是一个多元化的系统。政府投资作为传统的融资方式，是推动水利工程建设的重要手段之一。银行贷款为项目提供了灵活的资金支持，为项目的顺利进行提供了保障。发行债券则是一种市场化的融资方式，能够吸引更多的社会资本参与到水利工程建设中，为项目的发展注入新的动力。

吸引社会资本也是水利工程融资的重要途径。通过 PPP 模式，政府与社会资本合作，共同出资建设水利工程，并通过运营维护收益来回报投资者。这种模式不仅可以有效规避政府财政压力，还能有效提高项目建设的效率和质量。同时，还可以通过引入外资来扩大融资渠道，吸引更多国际投资者的参与。

在实际应用中，选择合适的融资方式要考虑诸多因素。项目规模、资金需求、风险控制是需要综合考虑的重要因素，只有全面分析各种融资方式的优缺点，才能选择出最适合项目的方式。对于风险较高的项目，可以考虑多元化融资方式的组合，以充分分散风险，保障项目的顺利进行。

总的来说，水利工程融资方式的多样化为项目的成功实施提供了广阔的空间，只有根据具体情况合理选择和灵活运用融资方式，才能推动水利工程建设，促进水利经济的可持续发展。

（二）水利工程投资回报分析

水利工程投资回报分析是水利工程管理中至关重要的一环。通过对投资回报进行深入分析，可以有效评估项目的可行性和盈利能力，为相关决策提供重要参考依据。在水利工程投资中，不仅要考虑到投资的规模和资金来源，还需要着重关注投资回报的实际效益和潜在风险。对投资回报进行全面的评估，不仅有助于优化投资结构和提高资金使用效率，更能有效降低项目运营风险和提升长期效益。

水利经济发展与水利工程管理密不可分，投资回报分析是衡量水利工程项目经济效益的主要方法之一。通过对投资回报率、净现值、内部收益率等指标的计算和分析，可以全面评估项目的经济效益和投资回报情况。同时，对投资回报进行动态监测和评价，可以及时发现和解决投资项目中存在的问题和风险，确保项目的可持续发展和长期收益。

水利工程的规划和改造升级是水利项目投资的重要环节，对于投资回报的分析具有重要意义。通过对规划和改造升级的投资回报进行评估分析，可以有效提高项目的投资效益和经济效益，实现项目的长期可持续发展和经济效益最大化。在规划和改造升级过程中，要注重综合考虑项目的技术性、经济性和社会效益，充分发挥水利工程的综合效益和社会效益，实现经济效益和社会效益的良性循环和可持续发展。

（三）水利工程投资风险评估

水利工程投资风险评估涉及对水利项目投资进行全面的风险评估和分析，以确保项目的顺利实施和投资效益的最大化。通过对各种因素的考虑和分析，可以有效地避免和减少投资过程中可能发生的各类风险，并为投资决策提供可靠的依据。在进行风险评估时，需要充分考虑项目的可行性、效益性、市场需求、政策环境、技术要求等方面的因素，从而全面评估项目的风险状况。

水利工程投资风险评估是水利工程管理中至关重要的一环，它直接影响着项目的实施进程和投资效益。只有通过科学、严谨的风险评估，才能有效地应对各种潜在的风险挑战，确保水利工程项目的顺利推进和成功实施。同时，通过风险评估，投资方可以更好地了解项目的风险情况，及时调整投资计划，降低投资风险，提高投资回报率。

在进行水利工程投资风险评估时，需结合实际情况，灵活运用各种评估方法和工具，全面、系统地评估项目的各项风险因素，做出科学的判断和分析。只有通过不断地完善和提升投资风险评估水平，才能更好地服务于水利工程管理和水利经济发展，推动水利事业的健康发展。

四、水资源利用效率

（一）水资源节约利用技术

水资源节约利用技术是指利用现代科技手段和管理模式，通过提高水资源利用效率，实现对水资源的节约利用。在水资源日益紧张的背景下，推动水资源节约利用技术的研究和应用是十分必要的。通过开展水资源节约利用技术研究，可以有效地减少水资源浪费，提高水资源利用效率，促进水利工程的可持续发展。水资源节约利用技术的应用范围广泛，涉及到农业、工业、城市和生活等各个领域。同时，水资源节约利用技术还能够推动产业升级，促进经济社会的可持续发展。通过不断推进水资源节约利用技术的研究和应用，可以有效地解决当前水资源紧缺和需求增加的矛盾，实现水资源的可持续利用。

（二）水资源利用效率评估

水资源利用效率评估的重要性不言而喻，其对于水利工程管理以及水利经济发展都具有至关重要的作用。水利工程规划是保障水资源的合理利用和供水安全的基础，而水资源利用效率评估则是对水资源利用情况进行客观评价的重要手段。通过水利工程改造与升级，可以提高水资源的开发利用效率，进而推动水利经济的发展。水资源是珍贵的资源，有效利用水资源对于社会经济的可持续发展具有重要意义。在水资源利用效率评估中，需要考虑各种因素的综合影响，以实现最大程度地提高水资源的利用效率。通过深入探讨水资源利用效率评估的方法和意义，可以为我国水利工程管理和水利经济发展提供重要参考。

（三）水资源利用经验分享

在水利工程管理与水利经济发展的探究过程中，水资源利用效率一直是一个重要的考量因素。对于我国如何更好地利用水资源，进行经验分享是至关重要的。在实际工程实践中，水利工程规划、改造与升级是不可或缺的环节。通过科学合理的规划和升级改造，可以提高水资源的利用效率，促进水利经济的可持续发展。

水利工程规划是确保水资源得到合理利用的重要途径，通过对水资源现状的全面了解和科学评估，确定水资源管理的发展方向和目标。同时，水利工程的改造与升级也是提高水资源利用效率的有效手段。通过对现有水利设施的优化设计和升级改造，可以提高设施的运行效率和水资源的利用率。

在水利经济发展的探究中，水资源的可持续利用是至关重要的。水资源的高效利用不仅可以提高水利工程的经济效益，还可以保障人民生活和工业生产的需求。因此，在水利经济发展的过程中，如何提高水资源的利用效率是一个亟待解决的问题。通过经验分享，借鉴他人成功的经验和教训，可以更好地指导我国水资源的管理和利用。

总的来说，水资源利用效率是水利工程管理和水利经济发展中的核心问题。只有通过科学合理的规划、改造与升级，以及经验分享的方式，才能实现对水资源的有效管理和可持续利用，推动我国水利工程管理和水利经济的快速发展。

（四）水资源利用管理案例

在水利工程管理与水利经济发展探究的过程中，水资源利用管理案例具有重要的意义。通过水资源利用管理案例的研究，可以更好地了解水利工程规划、水

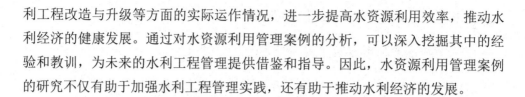

利工程改造与升级等方面的实际运作情况，进一步提高水资源利用效率，推动水利经济的健康发展。通过对水资源利用管理案例的分析，可以深入挖掘其中的经验和教训，为未来的水利工程管理提供借鉴和指导。因此，水资源利用管理案例的研究不仅有助于加强水利工程管理实践，还有助于推动水利经济的发展。

（五）水资源利用未来发展趋势

水资源是人类生存和发展的重要基础，随着经济的快速发展和人口的不断增长，对水资源的需求也越来越大。因此，如何高效利用水资源成为当前和未来的重要课题之一。水利工程规划和改造升级是实现水资源利用效率的重要途径，需要结合当地的实际情况，科学规划和合理利用水资源，不断提高水资源利用的效率。同时，水利经济发展也是重要的方向之一，需要不断探究新的发展模式和方法，使水资源管理更加科学合理，促进水利经济的健康发展。水资源利用未来的发展趋势将是更加注重节约利用和合理配置水资源，推动绿色发展和可持续发展。只有不断创新和改进，才能更好地应对未来水资源挑战，实现水资源的可持续利用，促进社会的持续发展。

五、水环境保护

（一）水资源污染治理

水资源污染治理是当前水利工程管理中一个重要的议题，其影响直接关系到水资源的可持续利用和环境的保护。在面对日益严重的水资源污染问题时，我们需要采取有力的措施来进行治理，保障人类生活和生态环境的可持续发展。水资源污染治理的核心是通过技术手段和管理手段来净化水体，提升水质，保障用水安全。同时，也需要倡导全社会共同参与，共同监督，形成合力，加大治理力度，从而在源头上控制水污染问题的发生，保障水资源的可持续利用。因此，水资源污染治理是水利工程管理中不可或缺的一个重要环节，也是推动水利经济发展的关键一步。

（二）水资源环境监测

水资源环境监测是指对水资源环境的各种参数进行实时监测和数据采集，通过对水质、水量、水文等方面的监测，及时掌握水资源的变化情况，为水利工程管理和水利经济发展提供科学依据。水资源环境监测的目的是保护水资源和促进可持续发展，通过监测数据分析，可以及时发现水资源环境中存在的问题，采取相应的措施进行调整和改善。

水资源环境监测涉及到检测设备、数据采集、数据传输和数据处理等多个环节，需要有专业的团队和技术支持。只有通过科学的监测手段和方法，才能有效地了解水资源环境的状况，并及时制定相应的管理策略和措施。

在当前社会经济发展和环境保护的大背景下，水资源环境监测显得尤为重要。随着城市化进程的加快和水资源需求的增加，水资源环境受到了前所未有的压力，水质污染、水资源过度开发等问题日益凸显。因此，加强水资源环境监测，及时发现问题，保护水资源，已成为当务之急。

为了实现水资源的可持续利用和保护，需要不断完善水资源环境监测体系，提高监测数据的准确性和可靠性。只有从源头上掌握水资源环境信息，才能有效地管理和保护水资源，推动水利工程的升级改造和水利经济的可持续发展。

（三）水资源环保政策

水资源环保政策是指国家对水资源保护和管理实施的政策措施。在当前社会发展中，水资源是人类生存和发展的重要基础，所以保护水资源、合理利用水资源是当务之急。水资源环保政策旨在通过完善相关法律法规、推动技术创新、强化监管执法等措施，全面加强对水资源的保护和管理，确保水资源的可持续利用。这些政策的出台和实施，可以有效提高水资源利用率，推动水利工程管理的规范化和现代化，促进水利经济的健康发展。

水资源环保政策的落实还需要广大水利工程管理人员积极参与和配合。只有大家齐心协力，齐心协力，才能更好地保护水资源、改善水环境，推动水利工程管理的不断完善和提升。水资源环保政策的实施还需要不断进行跟进评估，及时调整政策措施，确保政策的实施效果最大化。

水资源是全球共同的资源，水资源保护的责任重大，只有通过国际合作和交流，才能实现水资源的全面保护和管理。这也是加强水资源环保政策的重要途径。希望通过本次研究，可以更加深入了解水资源环保政策的实施情况，为祖国的水利事业发展做出更大的贡献。

（四）水资源环境风险防控

水资源环境风险防控是当今社会发展中亟需解决的重要问题，尤其是在水利工程管理领域。通过对水资源环境的风险进行准确评估和科学防控，可以有效保障水资源的可持续利用和环境的稳定发展。水利工程规划的科学性和合理性是水资源环境风险防控的基础，只有通过科学规划，才能有效防范可能存在的风险。

水利工程的改造与升级是提高水资源利用效率和保护水环境的重要手段，通过改造提升水利工程设施的性能和功能，可以有效减少对水资源环境的负面影响。水利经济发展与水环境保护是水资源环境风险防控的两大关键环节，通过深入探讨水利工程管理与水利经济发展之间的关系，可以找到发展中应遵循的重要原则和路径。同时，加强水环境保护工作，着力解决水污染、水生态破坏等问题，可以有效减少水资源环境风险的发生。水资源环境风险防控是水利工程管理的重要任务之一，需要不断强化管理措施和加大投入力度，以实现水资源环境的可持续发展和社会经济的全面进步。

第三节 水利工程管理与水利经济发展的关系

一、水资源管理与经济发展

（一）水资源管理的重要性

水资源管理的重要性无疑是当前社会发展的关键，尤其在水资源日益紧缺的情况下更加凸显其重要性。水资源是人类生存和发展的基础，不仅为农业、工业、生活等方面提供所需，更是支撑经济发展和社会进步的重要支柱。因此，科学合理地管理水资源，确保其有效利用和可持续发展，成为当今时代的迫切需求。

水利工程管理与水利经济发展的关系密不可分，水利工程规划的合理性和水利工程改造升级的完善将直接影响水利资源的有效利用和经济发展。同时，水环境保护也是水利工程管理不可或缺的一环，只有确保水环境的清洁和健康，才能更好地推动水利经济的发展。

水资源管理与经济发展的关系更是紧密，水资源的合理分配和利用将直接影响到经济的稳定增长和社会的可持续发展。有效的水资源管理不仅可以提高水资源的利用效率，降低浪费和损失，还可以促进相关产业的发展，带动经济的增长。因此，加强水资源管理工作，提高水资源利用效率，将成为促进经济发展的关键措施之一。

水资源管理的重要性不言而喻，只有加强水资源管理工作，并将其与经济发展相结合，才能更好地实现水资源可持续利用和经济社会的双赢局面。相信在各界的共同努力下，水资源管理将迎来更加美好的未来，助力经济的可持续发展。

（二）水资源管理与区域经济

水资源管理与区域经济是密不可分的，水资源是人类生存和发展的基础，对于一个地区的发展至关重要。水资源是区域经济发展的重要支撑，充足的水资源可以促进农业生产、工业发展和城市建设。水资源管理的合理与否直接影响着区域经济的发展速度和质量。区域经济的快速发展和人口的增长对水资源的需求日益增加，因此必须加强水资源的管理和保护，确保水资源的可持续利用。在推进水资源管理的过程中，要注重生态环境的保护，坚持生态优先、绿色发展的原则，加强水资源保护，改善水环境质量，推动水利工程管理与水利经济发展协调发展。水资源管理和区域经济的发展是相辅相成、相互促进的关系，只有合理利用和管理好水资源，才能更好地推动区域经济的发展。

（三）水资源管理与社会稳定

水资源管理是一项涉及国计民生的重要工作，其发展与经济发展息息相关。水资源的稀缺性使得其管理显得尤为重要，而水资源管理的不当往往会导致资源的浪费和浪费，进而影响社会的稳定。因此，水资源管理与经济发展、社会稳定的关系显得更加紧密。在水资源管理中，要注重科学规划，并不断进行水利工程的改造与升级，以适应社会经济发展的需要。同时，要重视水环境的保护，保护好水资源，才能确保社会的可持续发展。在水利工程管理与水利经济发展的关系上，要注重整体规划，最大限度地发挥水资源的效益，实现经济效益、生态效益和社会效益的统一。这样，才能实现水资源管理与经济发展、社会稳定的良性互动，推动社会的和谐发展。

二、水利工程建设与经济发展

（一）水利工程建设对经济的影响

水利工程建设对经济的影响是非常重要的。水利工程规划和改造升级是实现水利经济发展的基础，同时也促进了水环境保护的工作。水利工程管理与水利经济发展密切相关，对经济的影响不可忽视。通过水利工程建设，可以有效地提高水资源利用效率，促进地方经济的发展。水利工程规划的合理性和改造升级的科学性，将直接影响到水利工程在经济发展中的作用。水利工程建设的进展，将为当地经济提供更多的发展机遇和动力，对经济具有积极的推动作用。在加强水利工程建设的同时，也要重视水环境的保护工作，保持生态平衡，确保水资源的可持续利用。水利工程建设对经济的影响是全方位的，不仅可以改善当地的水资源状况，还可以带动当地经济的发展，实现经济效益和社会效益的双赢。水利工程建设既是当地经济发展的必需品，也是经济发展的重要支撑。通过不懈努力，水利工程建设将为水利经济发展打下坚实基础，推动经济实现可持续增长。

（二）水利工程建设与产业结构调整

水利工程建设与产业结构调整是当前发展中的重要课题。随着经济的快速发展，水利工程建设的规模与数量不断增加，对产业结构也产生了深远的影响。水利工程建设的投资不仅直接促进了水利建设行业的发展，还间接推动了相关产业的发展。同时，水利工程建设也在一定程度上促进了产业结构的优化和调整，有助于实现经济结构的转型升级。水利工程建设需要大量的技术人才和专业人才，同时也需要相关产业链的配套支持和产业升级，从而推动了相关产业的发展与升级。在水利工程建设的过程中，不仅创造了大量的就业机会，还推动了当地产业的发展，促进了经济的持续增长。因此，水利工程建设与产业结构调整是密不可分的，具有重要的现实意义和深远的发展价值。

（三）水利工程建设带动经济增长

水利工程建设是国民经济发展的重要支撑，其在当地经济中的作用不容忽视。水利工程项目的建设可以直接带动当地相关产业的发展。例如，修建水库和灌溉渠道可以促进农业生产的增长，提高农民的收入水平；修建水电站可以增加清洁能源的供应，推动工业生产的发展；修建防洪工程可以保护城市和农田免受洪水灾害，维护人民生命财产安全。这些水利工程项目的实施，不仅加快了当地产业的发展，也为当地居民提供了更好的生活条件。

水利工程建设也可以推动当地经济的快速增长。随着水资源的有效利用，农业产量和质量得到提升，工业生产效率得到提高，环境保护水平得到提升，经济各个领域的发展都将受益。特别是在经济下行周期，加大水利工程建设力度，可以通过增加投资、扩大就业等方式，刺激经济增长，缓解经济压力，实现经济平稳增长。

水利工程建设不仅对当地经济有直接的促进作用，还可以为水利产业和相关产业的发展提供新的发展机遇。随着水利技术的进步和水利工程规模的扩大，水利产业链将不断延伸，涉及到水利建设、水资源管理、水环境保护等多个领域，形成了一个完整的产业体系。这将为当地经济的结构调整和升级提供新的动力，促进当地经济的可持续发展。

水利工程建设与当地经济发展密切相关，其在促进当地经济增长、推动产业发展、提升生活质量等方面发挥着重要作用。因此，加强水利工程管理，科学规划水利工程建设，持续推动水利产业发展，将为当地经济的稳健增长和可持续发展提供坚实支撑。

三、水资源利用效率与经济发展

（一）水资源利用效率对经济的影响

水资源是人类生存和发展的重要基础，而水资源的利用效率直接影响着经济的可持续发展。然而，在很多地区，水资源利用效率较低，导致了一系列负面影响。水资源的低效利用会导致资源的浪费，造成了资源的枯竭和短缺。随着社会经济的发展和人口的增加，对水资源的需求不断增加，但是如果水资源的利用效率不提高，将很难满足人们的需求。

水资源的低效利用会导致生态环境的恶化。由于水资源的浪费和过度利用，导致很多地区出现了干旱、水灾等问题，对生态系统造成了破坏。同时，水污染问题也愈发突出，直接影响着人们的生活和健康。这些环境问题不仅增加了环境治理和修复的成本，还影响着当地的产业发展和经济增长。

水资源的低效利用还会导致社会不稳定和资源纠纷的加剧。由于水资源的分配不均和利用效率低下，容易引发资源的争夺和纠纷，甚至引发社会冲突。这些问题不仅影响着当地居民的生活质量，还给社会带来了不稳定因素，阻碍了经济的顺利发展。

水资源利用效率的低下对经济发展产生了诸多负面影响，需要引起重视并采取有效措施加以改善。只有提高水资源的利用效率，合理规划和管理水利工程，才能实现经济的可持续发展和社会的和谐稳定。

（二）水资源利用效率与可持续发展

水资源是人类生存和发展的重要基础，而水利工程管理则扮演着关键的角色。水利工程管理的主要内容包括水利工程规划、水利工程改造与升级以及水环境保护。水利工程规划是根据地区的水资源情况和发展需求，制定合理的水资源利用方案，从而确保水资源的合理利用和供给。水利工程改造与升级则是通过对现有水利设施进行技术更新和改进，提高水资源的利用效率和综合效益。同时，水环境保护也是水利工程管理不可忽视的重要环节，只有保护好水环境，才能持续发展水资源利用。

水利经济的发展也与水利工程管理密不可分。水资源利用效率与经济发展之间存在着密切的关系。高效利用水资源可提高农业、工业和城市生活用水的效率，促进生产力的提高，推动经济的发展。同时，水资源紧缺和浪费也会制约经济的可持续发展。因此，提高水资源利用效率是实现经济可持续发展的重要途径。

水资源利用效率与可持续发展之间存在着紧密的联系。水资源的高效利用不仅能够满足当前的需求，还能够为未来的发展提供支持。只有在提高水资源利用效率的基础上，才能实现水资源的可持续利用和发展。因此，水利工程管理必须思考如何更好地提高水资源的利用效率，以实现可持续发展目标。

水利工程管理与水利经济发展之间互相依存、互相促进。提高水资源利用效率是促进经济发展和实现可持续发展的关键，而水利工程管理则扮演着重要的角色。通过科学规划、技术更新和环境保护，我们可以更好地实现水资源利用的可持续发展，助力经济的繁荣与稳定。

（三）水资源利用效率与资源配置优化

水资源利用效率与资源配置优化密切相关，资源配置优化可以提高水资源利用效率。水资源是一种宝贵的自然资源，其分配和利用情况直接关系到社会经济的发展。在资源配置方面，需要充分考虑各种因素，如地域特点、人口需求、生态环境等，合理规划水资源的利用方式和分配方式，以实现资源的最优配置。通过资源配置优化，可以提高水资源的利用效率，从而更好地满足经济社会发展的需求。

水资源利用效率在一定程度上反映了一个国家或地区的经济发展水平。通过提高水资源利用效率，可以实现资源的可持续利用，减少资源浪费，从而促进经济的可持续发展。同时，优化资源配置也可以改善水资源供需矛盾，解决水资源的过度开采和污染等问题，推动水资源管理和保护工作的深入开展。

在水利工程管理中，要注重综合考虑水资源利用效率和资源配置优化的关系，采取措施推动资源配置的合理化和优化。通过科学规划、合理布局和有效管理，可以实现水资源的最大价值和效益，促进水利经济的快速发展。同时，也需要加强水环境保护工作，保护水资源的生态环境，保障人民群众的饮水安全和生态安全。

水资源利用效率与资源配置优化之间存在密切的关系，在水利工程管理和水利经济发展中，应该注重优化资源配置，提高水资源利用效率，实现资源的可持续利用和经济社会的可持续发展。只有通过不断探索和完善管理机制，才能更好地实现水资源的可持续利用和经济社会的协调发展。

（四）水资源利用效率与经济转型升级

水资源是人类生存和发展的重要基础，水利工程管理在水资源利用效率和经济转型升级方面发挥着至关重要的作用。提高水资源利用效率可以促进经济的可持续发展，实现资源的合理利用和经济效益的最大化。水资源的有效利用对于保障国家水资源安全、维护生态环境、增强经济实力具有重要意义。

水资源利用效率与经济转型升级之间存在密切联系。随着经济的发展，水资源的供需矛盾日益加剧，提高水资源利用效率成为不可或缺的重要举措。通过水利工程管理的规划和改造升级，可以实现水资源的稳定供应和有效利用，为实现经济的转型升级提供有力支撑。水利工程的规划能够为经济发展提供坚实的基础，而水利工程的改造升级则能够提高水资源的利用效率，推动经济的转型升级。

水资源的合理利用对于经济的发展至关重要。有效管理水资源，提高水资源的利用效率，不仅可以降低水资源的浪费，减少环境污染，还可以为经济的可持续发展提供有力支持。水利工程管理的不断完善和优化可以促进水资源的合理分配和利用，为经济的转型升级奠定基础。

在推动经济转型升级的过程中，水资源利用效率的提高是至关重要的环节。通过水利工程管理的精准规划和科学改造升级，可以实现水资源的高效利用，为经济的新旧动能转换提供有力支持。水资源的有效利用不仅能够提升经济的竞争力，还能够促进资源的节约利用和经济结构的优化升级，实现经济的可持续发展。

水利工程管理与水利经济发展之间存在密切联系，提高水资源利用效率对推动经济转型升级具有重要意义。通过科学规划和有效管理水资源，可以实现经济的可持续发展和稳定增长，为建设资源节约型、环境友好型社会提供强有力支持。

水资源是人类生存和发展的基础，有效利用水资源对于经济的发展至关重要。在经济转型升级的过程中，水资源的合理分配和利用是一项重要任务。水利工程管理的不断完善和优化可以帮助提升水资源利用效率，为经济的转型升级提供有力支持。随着社会的进步和科技的发展，我们必须更加注重对水资源的保护和管理，确保其可持续利用。通过科学规划和有效管理，我们可以最大限度地发挥水资源的作用，实现经济的可持续增长。未来，我们需要更加注重技术创新和管理创新，不断提高水资源利用效率，为经济的转型升级打下坚实基础。

在实现经济转型升级的过程中，水资源的合理利用是至关重要的一环。通过加强水资源管理，我们可以确保水资源的平衡分配和高效利用，为经济发展注入新的活力。水利工程的不断发展和改善将为我们提供更多可能性，可以应对未来水资源面临的挑战。因此，我们必须加强对水资源的保护和管理，促进经济的可持续发展。只有通过科学规划和有效管理，我们才能保障水资源的可持续利用，为经济的转型升级创造更加稳定和持久的发展环境。

（五）水资源利用效率与国家发展战略

水资源是人类生存和社会发展的重要基础，而水资源利用效率的高低直接影响着国家经济的发展水平和可持续发展能力。在当前经济全球化和资源紧缺的背景下，提高水资源利用效率已成为全球共识。水利工程管理与水利经济发展密不可分，对于实现国家发展战略具有重要意义。

水资源是国家生产生活中不可或缺的重要资源，而提高水资源利用效率能够有效减轻水资源的紧缺状况，满足国家经济发展的需求。通过水利工程规划、改造与升级等措施，可以提高水资源的开发利用率，降低水资源的浪费，增加生产效率，从而促进国家经济的持续发展。

水资源的合理利用对于实现国家发展战略的各项目标具有重要意义。在现代工业化进程中，水资源是生产的重要生产要素，高效利用水资源能够提高生产力、降低生产成本，推动科技进步和产业转型升级。同时，在实现绿色发展和生态文明建设的战略下，对水资源的健康利用也是至关重要的。通过环境友好型的水利工程管理和水环境保护措施，可以有效保护生态环境，促进国家可持续发展。

水利工程管理与水利经济发展是密不可分的，提高水资源利用效率对实现国家发展战略具有重要意义。只有通过科学规划、有效管理和全面保护水资源，才能为国家的经济发展提供可靠保障，推动经济社会稳定和可持续发展。同时，要注意平衡经济增长与生态环境的关系，构建和谐的水资源利用模式，促进社会全面发展。

第三章 水利经济发展的背景和现状

第一节 水资源管理的必要性

一、水资源短缺的挑战

（一）城市化进程中的水资源需求

随着城市化进程的加速推进，人口数量的增加以及工业化的发展，对水资源的需求急剧增加。城市作为人口和经济活动的集中地，需要大量的水资源来满足居民生活、工业生产、农业灌溉等方面的需求。然而，由于水资源的有限性以及管理不当，导致水资源供需不平衡，出现了水资源短缺的问题。

随着城市人口的增加，城市化进程中水资源需求的增加给水利工程管理提出了更高的要求。传统的水利工程建设往往难以满足城市发展对水资源的需求。需要对水资源进行合理配置和管理，提高水资源利用效率，减少浪费，保护水资源环境。水利工程管理需要更加科学化、智能化，采用现代技术和方法，通过建设更加高效、节约、环保的水利工程设施，提高水资源利用率，保障城市水资源供应。

水利经济发展与水资源管理密不可分。水资源的管理不仅仅是一种资源配置问题，更是一种经济问题。城市化进程中水资源需求的增加使得水资源的价值得到进一步凸显。因此，需要推动水资源的经济化管理，通过市场机制来管理水资源的供求关系，实现水资源的合理配置和经济优化利用。只有将水资源管理与水利经济发展相结合，才能有效解决城市发展中水资源短缺的问题。

总的来说，城市化进程中对水资源需求的增加对水资源短缺造成了挑战，需要加强水利工程管理和水资源经济发展，实现水资源的可持续利用和管理。这需要政府、企业、社会各方的共同努力，加强水资源保护和管理，促进水资源的可持续利用，为城市发展提供坚实的基础保障。

（二）农业发展中的水资源利用

农业是水资源利用的主要领域之一，也是对水资源需求量最大的行业。随着人口的增长和农业生产的不断扩张，对水资源的需求与日俱增。农业生产所需的灌溉水占据了全球绝大部分用水量，因此如何提高农业水资源利用效率成为一个亟待解决的问题。

在农业发展中，存在着许多影响水资源利用效率的因素。传统的灌溉方式往往存在着浪费水资源的情况，例如，过度灌溉会导致土壤盐碱化，影响土地的肥沃度，同时还会导致水资源浪费。现代农业技术的普及程度不够，很多农民缺乏科学的灌溉管理知识，难以充分利用水资源。在一些地区，缺乏有效的水资源管理机制，导致水资源的过度开采和滥用，进一步加剧了水资源的匮乏问题。

农业发展中的水资源利用效率问题不仅影响着农业生产的可持续发展，也影响着整个社会经济的发展。水资源的短缺不仅会导致农业生产的困难，还会影响到工业生产和居民生活，甚至引发社会动荡。因此，如何提高农业水资源利用效率，成为当前亟需解决的重要问题之一。

（三）工业生产对水资源的需求

随着工业生产的快速发展，对水资源的需求也在不断增加。工业生产对水资源的需求主要体现在生产过程中的用水量，包括生产制造、冷却、清洗、消毒等多个环节。尤其是在一些需要大量水资源的行业，如钢铁、化工、电力等领域，对水资源的需求更为显著。

工业生产对水资源的过度利用导致了水资源短缺的严重问题。许多地区因为工业发展迅速，导致当地水资源供不应求，甚至出现了水资源枯竭的现象。工业生产中可能产生的废水、废渣等也会对水资源和环境造成污染，加剧了当地水资源的紧缺情况。

水资源短缺不仅对当地的生产生活造成影响，也对相关行业的持续发展带来挑战。一些工业企业由于缺乏足够的水资源支持，可能会面临生产受限、成本增加等问题，甚至影响到企业的生存发展。水资源短缺还可能导致一些地区无法吸引外部投资和引进先进技术，影响当地经济的发展。

面对工业生产对水资源的需求增加带来的问题和挑战，需要加强水资源管理和保护工作，实行科学合理的水资源利用规划，加强水资源的监测和调控，引导工业企业开展节水生产，减少水资源的浪费和污染。同时，需要深入研究水资源管理与经济发展的关系，探讨可持续发展的路径，找到水资源与经济发展之间的平衡点，促进水利工程管理与水利经济发展的良性循环。

（四）生态环境维护与保护需求

生态环境的维护和保护对水资源管理至关重要。随着人口的增加和工业化的发展，水资源的需求正变得愈加紧迫。而保护生态环境，即保持水源地的清洁、生物多样性和生态平衡，是确保水资源可持续利用的关键。

生态环境的破坏会导致水资源污染和减少。例如，森林砍伐会导致水土流失，污染河流和湖泊；工业排放和农业过度使用化肥农药会使地下水受到污染，影响人们的饮用水安全。因此，维护生态环境意味着保护水源地，保障水质的优良。

生态环境维护与保护需求对水资源管理产生了深远影响。在水资源管理中，政府和企业应该加强对环境的保护和治理，防止环境污染和破坏。同时，需要加强公众的环保意识，倡导可持续的发展理念，减少对水资源的浪费和破坏。

生态环境的改善也可以为水利工程的发展提供更好的条件。例如，通过生态恢复和治理，可以增加水源地的水量，改善水质；在水利工程建设中，也可以考虑生态环境的保护和修复，降低对生态系统的破坏。

保护和维护生态环境对水资源管理至关重要。只有加强生态环境的保护和治理，才能确保水资源的可持续利用，为水利工程的发展和水利经济的繁荣奠定坚实的基础。希望未来在水资源管理和水利工程建设中，能够更加重视生态环境的保护和修复，实现经济、社会和生态效益的统一。

二、水利工程管理的现状

（一）政府对水利工程管理的重视

政府对水利工程管理的重视体现在多方面。政府多年来对水利工程建设给予了高度的关注和支持，不断加大投入力度，加快推进水利设施建设。政府通过多种渠道筹集资金，支持农村水利工程建设，改善农民用水条件，提高灌溉效率，促进农业生产的发展。同时，政府还注重加强对水利工程建设过程中的监管和质量控制，确保工程建设的安全和可持续性。

政府还通过制定相关政策和法规，规范水利工程管理行为，推动水利工程管理工作的规范化和合法化发展。政府采取措施加强水资源管理，建立健全水资源监测系统，提高水资源利用效率，确保水资源的可持续利用。同时，政府还建立了健全的监督机制，加强对水利工程管理单位的监督和管理，提高水利工程管理的效率和质量。

政府还鼓励并支持科技创新在水利工程管理方面的应用，推动水利工程管理的现代化和智能化发展。政府注重加强科研力量和技术人才队伍建设，鼓励企业和科研机构加大对水利工程管理技术的研究和开发，推动水利工程管理技术的更新换代，提高水利工程管理的科学化和现代化水平。

总的来说，政府对水利工程管理的重视和支持为水利工程管理的发展提供了有力保障。在政府的正确领导和政策支持下，水利工程管理将迎来更加美好的发展前景，为促进全社会的可持续发展贡献更大的力量。希望在未来的发展中，政府和社会各界能够进一步加大对水利工程管理工作的支持和投入，共同推动水利工程管理事业的健康发展。

（二）水利工程建设面临的挑战

水利工程建设在推动水利经济发展过程中发挥着关键作用，然而，也面临着诸多挑战和困难。技术方面的挑战是水利工程建设中不可忽视的问题。随着科技的发展，对水利工程建设的要求也越来越高，需要不断更新技术，提高施工质量和效率。同时，需要考虑到当地的地质、气候等条件，确保水利工程的安全性和可持续性。

资金方面的挑战也是水利工程建设面临的重要问题。水利工程建设需要巨额资金投入，而且建设周期长，回报周期较长，给投资者带来一定的风险。如何吸引更多的资金投入到水利工程建设中，成为需要解决的难题。

环境问题也是水利工程建设所面临的挑战之一。水利工程建设往往会对周边环境产生影响，可能会引起水土流失、水源污染等问题。因此，在水利工程建设过程中，需要充分考虑环境保护的问题，采取有效的措施减少对环境的破坏。

水利工程建设在推动水利经济发展的过程中，面临着技术、资金、环境等多方面的挑战。只有认清这些挑战，找到有效的应对措施，才能更好地推动水利工程建设，促进水利经济的发展。

（三）水利工程管理存在的问题

在当前的社会背景下，水资源的管理和利用变得尤为重要。水利工程作为保障水资源可持续利用的重要手段，其管理是非常关键的。然而，在实际操作中，水利工程管理存在着诸多问题。

现有的水利工程管理机制存在着不完善的地方。现行管理体制的机制导致了管理过程中权责不清、部门之间协调不足等问题的出现，进而影响了水利工程管理的效率和效果。

水利工程管理中还存在着许多制度性问题。例如,管理标准不统一、管理政策执行不到位、管理流程繁琐等问题都制约了水利工程管理的发展。这些制度性问题的存在,不仅增加了管理的复杂度,也降低了管理的效率。

水利工程管理的运行中还存在一些问题。管理人员素质不高、管理技术依赖程度高、管理手段单一等问题都制约了水利工程管理的持续发展。这些问题的存在,进一步减弱了水利工程管理的影响力和实际效果。

当前的水利工程管理面临着诸多问题和挑战。这些问题的存在不仅影响了水利工程管理的效果和效率,也制约了水利经济的发展。因此,需要对水利工程管理中存在的问题进行认真分析和研究,以寻找出一条合适的发展路径,促进水利工程管理的持续发展。

三、水利资源的合理利用

(一)水利工程对生产生活的影响

水利工程建设对生产生活的影响不言而喻。水利工程为农业生产提供了可靠的灌溉水源,使农民不再依赖于天然降水,而能够根据需要进行灌溉,从而增加了农作物的产量和质量。水利工程的建设也为城市生活提供了充足的生活用水,改善了居民的生活条件。水利工程的建设还有利于防洪排涝,减少了洪涝灾害对生产和生活的影响。

通过水利工程的建设,不仅可以提高农业生产的效率和质量,还可以改善城市居民的生活质量。例如,在干旱地区,水利工程的建设可以实现跨区域调水,解决水资源短缺问题,提高当地农业生产的水平;而在城市,水利工程的建设可以改善水资源的利用效率,保障城市居民的生活用水。水利工程的建设还可以提高水体的水质,减少水污染,保护生态环境。

总的来说,水利工程的建设对生产生活的影响是多方面的,它不仅能够提高农业生产的效率和质量,改善城市居民的生活条件,还可以减少自然灾害的危害,保护生态环境。因此,加大对水利工程建设的投入,加强水资源管理,不仅有利于促进经济的发展,还有利于改善人民的生活质量,实现可持续发展的目标。在未来的发展中,我们应该更加重视水利工程建设,加强水资源管理,为我国的经济发展和社会进步提供更好的支持与保障。

（二）水资源的可持续利用

随着经济的快速发展和人口的持续增长，水资源的重要性愈发凸显。然而，由于人类对水资源的不合理利用和过度开发，导致许多地区出现了水资源的短缺和污染问题，严重影响着社会经济发展和人民生活质量。

为了实现水资源的可持续利用，必须采取一系列有效的措施。应加强对水资源的保护和管理，加强水资源的综合治理和节约利用。同时，要倡导绿色发展理念，推动水资源的循环利用和再生利用，减少水资源的浪费和污染。

生态保护也是实现水资源可持续利用的重要途径。保护水源地和湿地，恢复水生态系统的平衡，保持水质清洁和生态环境的完整性，是保障水资源可持续利用的重要措施。通过生态修复和生态补偿机制，实现生态系统的自然恢复和生态环境的持续改善，进而促进水资源的可持续利用和生态经济的发展。

加强水利工程管理，提高水资源利用的效率和水利设施的安全性和稳定性，也是实现水资源可持续利用的关键。通过科学规划和合理设计水利工程，提高水利设施的管理和运行水平，减少水资源的损失和浪费，促进水资源的可持续利用和国家经济的繁荣发展。

在水资源管理和水利工程管理方面取得进展的同时，也需要倡导节约用水的理念，提高人们对水资源的认识，积极参与水资源管理和保护，共同推动水资源的可持续利用和经济社会的可持续发展。只有这样，才能实现水利工程管理与水利经济发展的双赢局面，实现经济、社会和环境的协调发展。

（三）水资源管理的重要性

水资源管理的重要性体现了对水资源的珍惜和保护，同时也促进了水资源的可持续利用。水资源是生命之源，是支撑经济社会发展的基础资源之一。合理的水资源管理可以保障农业灌溉、城市供水、工业生产等多个领域的正常运转，有利于提高水资源的利用效率和保护环境。水资源管理的不合理与不足将会对国家经济和社会造成严重影响，甚至引发水资源危机。因此，加强水资源管理，推动水利工程管理与水利经济发展成为当务之急。

（四）水资源利用的潜力

水资源利用的潜力在于我们对水资源的管理和利用方式进行调整和优化。当前我国在水资源利用方面还存在很多问题，比如水资源过度使用、浪费严重、环境污染等。要解决这些问题，我们需要从源头上加强水资源管理，推广节水型社会，提高水资源利用的效率。同时，要通过技术创新、产业转型升级等方式，挖掘水资源利用的潜力，推动水资源与经济的良性发展和互动。只有不断挖掘水资源的潜力，才能更好地推动水利经济的发展，实现经济、社会和环境的协调发展。

水资源的利用潜力是巨大的，但同时也面临着很多挑战。要充分发挥水资源的利用潜力，需要加强水资源管理和保护，推动水资源利用的科技创新，建立健全的水资源管理制度和政策体系。只有不断完善水资源利用的体系，才能更好地实现水资源的可持续利用和经济价值最大化。水资源利用的潜力是无限的，只要我们正确面对挑战，积极应对，就一定能够实现水资源的可持续利用和水利经济的发展。

四、水利工程管理的发展策略

（一）国家水资源管理政策的调整

水资源是生命之源，是国家经济社会发展的重要基础。随着我国经济社会的快速发展，水资源管理的重要性日益凸显。目前，我国水资源管理面临着众多挑战和问题，如水资源短缺、水质恶化、水环境污染等。因此，国家水资源管理政策的调整势在必行。

为了更好地保障我国的水资源安全和实现水资源的可持续利用，国家水资源管理政策的调整将主要体现在以下几个方面：完善水资源管理体制，建立健全水资源保护、开发、利用和管理的制度体系。加强水资源节约利用，推动水资源管理向高效、节约、可持续的方向发展。增加水资源管理投入，加大水利工程建设和维护力度，提升水资源管理的整体水平。

水是生命之源，也是国家繁荣发展的重要支撑。只有加强水资源管理，实现水资源的可持续利用，才能有效应对水资源短缺、水质污染等问题，推动水利工程管理的发展，促进水利经济的健康发展。国家水资源管理政策的调整是当前我国水利事业发展的重要举措，对于实现水利经济的持续增长具有重要意义。希望广大水利工程管理人员能够深入理解国家水资源管理政策的调整意义，紧密围绕水资源管理的中心任务，不断完善水利工程管理策略，推动水利经济的发展，为实现可持续发展目标贡献力量。

（二）地方政府的水利工程管理措施

地方政府的水利工程管理措施是推动水利工程建设和管理的重要保障。在当前水资源短缺的形势下，地方政府采取了一系列举措来加强水利工程管理，提高水资源利用效率。地方政府加大了对水利工程建设的投入力度，不断完善水利基础设施，提高水资源利用效率。地方政府加强了水资源调度管理，通过科学合理的水资源配置，确保各地区的水资源得到充分利用。同时，地方政府积极推动水资源保护和环境治理，加强水资源监测和预警能力，防止水资源污染和浪费。地方政府还加强了对水利工程运行和管理的监督，促进水资源管理的规范化和专业化。地方政府的水利工程管理措施是保障水资源可持续利用和推动当地水利经济发展的重要举措。

（三）科技创新对水利工程管理的影响

科技创新对水利工程管理的影响不容忽视。随着科技的进步和发展，新技术在水利工程管理中的应用不断扩大，为提高水资源的利用率和效率提供了有力支持。科技创新的推动，使得水利工程管理更加科学化、智能化和精细化，提升了水利工程管理的整体水平和效益。科技创新带来的新技术、新方法不仅提高了水资源的开发利用效率，同时也提升了水利工程的设计、建设和运行管理水平，实现了水资源的可持续利用和生态环境的持续改善。科技创新不仅在水利工程管理中起到了重要作用，同时也为水利经济的发展提供了强大动力，推动了水利经济的快速增长和持续发展。随着科技创新的不断推进，水利工程管理将迎来更加广阔的发展空间，为水利经济的繁荣作出更大贡献。

五、水利经济发展的重要性

（一）水利工程对经济发展的贡献

水利工程对经济发展的贡献是显而易见的。作为重要的基础设施工程，水利工程在推动经济发展的过程中发挥着至关重要的作用。通过有效地利用水资源，提高灌溉和供水效率，水利工程可以促进农业生产的发展，增加农民的收入，改善农村经济状况。同时，水利工程也为工业生产和城市发展提供了可靠的水源保障，推动了工业化进程和城市化发展。在经济全球化的背景下，水利工程的建设和发展更是成为国家发展战略的重要组成部分，对于提高国家整体竞争力和可持续发展具有至关重要的意义。因此，加大投入水利工程建设，优化水资源利用结构，提高水资源利用效率，已经成为我国经济发展的必然选择。水利工程的发展将为我国经济增长提供有力支撑，推动水利经济的发展，实现经济可持续发展的目标。

（二）水利企业在经济发展中的作用

水利企业作为水资源管理的重要组成部分，发挥着不可替代的作用。在当前日益加剧的水资源紧缺和水污染问题下，水利企业的存在和发展势在必行。水利企业通过建设和管理水利设施，保障城乡供水，提高水资源利用效率，为经济社会的持续发展提供了坚实的基础。

水利企业不仅仅是单纯的水资源开发者和管理者，更是经济发展的推动者和保障者。在水资源管理过程中，水利企业不仅能够有效地降低水资源浪费和水污染问题，还能够促进水资源的合理配置和利用，推动水利经济的发展。水利企业的有效运营和管理，不仅能够创造经济效益，还能够提升社会福利，实现经济、社会和环境效益的良性互动。

随着经济全球化和城市化进程的加速推进，水利企业在经济发展中的作用愈发凸显。水资源是经济社会发展的基础条件，水利企业通过维护和管理水资源，保障了各行业的正常生产和运转。水利企业的不断创新和发展，为经济结构的升级和产业转型注入了新动力，推动了经济的可持续发展。

在水利企业的努力下，水资源管理得到了进一步的提升，水资源利用效率得到了有效的提高，水资源保护和生态环境修复工作也取得了明显的进展。水利企业在经济发展中的作用不断突显，为我国水利事业的发展和经济社会的进步做出了重要贡献。同时，水利企业还要不断加强技术创新和人才培养，提高管理水平和服务质量，为我国水利事业的可持续发展和经济社会的全面进步提供强有力的支撑。

（三）水资源在经济中的价值

水资源在经济中的价值是不可估量的，水是生命之源，也是经济活动中不可或缺的要素。水资源的充足与否直接关系到国家和地区的经济发展和社会稳定，没有足够的水资源支撑，各行各业都将受到影响，甚至无法正常运转。在现代社会中，水资源已经不再只是用于农业灌溉和生活用水，它还承担着工业生产和城市发展的重要功能。因此，科学合理地利用水资源，保护水环境，成为了现代社会发展的必要措施。

水利经济发展的重要性不容忽视。水利工程管理的先进性和科学性，直接决定了水利经济的发展水平。随着经济的不断增长和城市化进程的加快，对水资源的需求也在不断增加，如何更好地调配、利用和管理水资源，成为了当务之急。水利工程管理不仅仅是简单的建设水库、引水和排水，更是要考虑到环境保护、生态平衡、节约用水等方面，使水利工程不仅仅是为经济发展服务，更要为人民谋福祉。

因此，水资源管理的必要性日益凸显。只有科学合理地管理水资源，才能保证水资源的可持续利用，促进经济的健康发展。水资源的宝贵性不言而喻，我们应该意识到水资源的有限性，积极采取措施加强水利工程管理，确保水资源的合理利用，促进水利经济的良性发展，为经济社会的可持续发展打下坚实的基础。水是生命之源，更是创造财富的重要资源，因此，水资源在经济中的价值是无比重要的。

第二节 水利经济发展的挑战与机遇

一、水利工程建设的难题

（一）技术条件下的挑战

技术条件下的挑战是水利工程建设中必须面对的现实问题。随着技术的不断进步，人们对水利工程建设的要求也越来越高，需要运用更加先进的技术手段和设备来提高工程建设的效率和质量。然而，技术条件下的挑战也随之而来，包括工程设计的复杂性、施工过程的安全性、设备的可靠性等方面都需要我们不断进行研究和探索，以应对各种挑战。在当前水资源管理形势下，技术条件下的挑战是我们必须正视和解决的关键问题之一。为了实现水利经济的可持续发展，我们需要不断提升科技水平，采用更加先进的技术手段，解决技术条件下的挑战，促进水利工程的健康发展。

（二）资金支持面临的问题

资金支持面临的问题：水利工程建设是推动水利经济发展的关键，但面临着资金支持不足的严峻挑战。在当前经济形势下，资金投入不足已成为制约水利工程建设的主要问题之一，尤其是对于一些贫困地区和偏远地区而言，资金支持更加困难。由于水利工程建设需要大量的资金投入，而政府财政资源有限，难以为水利工程提供充足的资金支持。同时，随着经济的发展和人口的增长，对水资源管理和水利工程建设的需求也在不断增加，资金供给面临更加严峻的压力。面对资金支持面临的问题，我们需要积极寻求解决之道，促进水利工程建设和水利经济发展的良性循环。

（三）人才缺乏对水利工程发展的影响

人才是推动水利工程发展的关键要素，缺乏高素质的人才将直接影响水利工程的建设和管理。在当前快速发展的社会经济环境下，对水利工程建设和管理提出了更高的要求，因此需要大量具备专业知识和实践经验的水利工程人才。然而，现实中却存在着诸多问题，如人才队伍结构不合理、人才培养机制不健全等，这些问题使水利工程领域的人才供给无法满足市场需求。因此，缺乏高素质的水利工程人才将影响整个水利工程发展的进程，阻碍水利经济的快速发展。

随着社会经济的不断发展和科技的飞速进步，水利工程建设所需的技术水平和管理水平也在不断提高。缺乏人才将导致水利工程建设面临更多的困难和挑战，可能造成工程质量不达标、工程进度延误等问题。因此，加强水利工程人才队伍的建设，培养更多具备创新能力和实践经验的专业人才，对于推动水利工程的快速发展和实现水利经济的可持续发展至关重要。

在未来的发展中，需要进一步加大对水利工程人才的培养力度，不断完善人才培养机制，拓宽人才培养途径，增强人才队伍的创新能力和竞争力。只有如此，才能更好地应对水利工程领域的各种挑战和机遇，推动水利经济的持续健康发展。

二、水资源管理的机遇

（一）绿色发展理念下的机遇

绿色发展理念下的机遇：在当前全球环境问题日益突出的背景下，绿色发展理念成为人们普遍关注的话题。在水利经济发展中，绿色发展理念也展现出了巨大的机遇。作为一种可持续发展模式，绿色发展不仅能够有效提高资源利用效率，还能有效减少污染排放，减轻环境负担。同时，绿色发展还能够促进经济的健康发展，推动社会的进步。在水利工程管理中，引入绿色发展理念不仅可以提高水资源的利用效率，还可以缓解水资源紧缺的问题，有助于实现可持续发展目标。在未来的发展中，水利经济发展将更加注重环境保护和资源利用效率，更加强调绿色发展理念的应用，从而为水资源管理带来更多的机遇。

（二）水资源市场化对水利经济的推动

水资源市场化对水利经济的推动，是我国水利事业发展的必然趋势。水资源是人类生存和发展的重要基础，如何有效地管理和利用水资源，已成为当前水利事业发展的重要课题。水资源市场化可以有效地调动社会资金和技术力量，促进水利项目建设和运行管理，推动水利经济的发展。水资源市场化的推动，不仅可以提高水资源的利用效率，还可以促进水利产业的发展，促进水利产业多元化发展的转型升级，实现水利经济的可持续发展。

水资源市场化的推动，也面临着一些挑战和机遇。在我国水资源管理过程中，存在着资源利用效率低、水资源浪费严重等问题，这些问题制约了水利经济的发展。水资源市场化的推动，可以加强水资源管理体制改革，推动水资源优化配置和有效利用，提高水资源的经济效益和社会效益。同时，水资源市场化的推动也给水利项目建设和运行管理带来了更多的发展机遇，为水利产业的多元化发展提供了更广阔的空间，推动水利经济的新发展。

在当前经济转型的背景下，水资源市场化对水利经济的推动具有重要意义。水资源是基础资源，对于经济社会发展具有重要作用。水资源市场化可以促进水资源的有效利用，推动水利产业的发展，提高水利经济的效益。因此，加快水资源市场化进程，推动水利经济发展，对于我国水利事业的可持续发展具有重要意义。

水资源市场化对水利经济的推动，是我国水利事业发展的必然选择。通过水资源市场化的推动，可以调动社会力量和资金投入，促进水利项目建设和运行管理，推动水利产业的发展，实现水资源的可持续利用和保障国家水安全。水资源市场化对水利经济的推动，既面临着挑战，也蕴藏着机遇，我们应该充分认识水资源市场化的意义，加强水资源管理，推动水利经济的发展。

（三）国际合作对水资源管理的促进

水资源管理是当今世界各国共同关注和努力实践的重要课题。水资源是人类生存和发展的基础，对于保障人民生活、生产和生态环境具有重要意义。随着全球气候变化、人口增长和经济发展，水资源管理面临着越来越严峻的挑战。因此，国际合作在水资源管理中具有重要的促进作用。

水资源并不受国界限制，需要跨国合作来实现有效管理和保护。国际合作可以促进各国之间的经验交流和技术合作，共同应对水资源管理中的挑战。同时，国际组织和跨国合作机制的建立可以推动全球范围内水资源管理政策的制定和实施，促进全球水资源的合理利用和保护。

国际合作还可以促进共享水资源的区域合作和协商解决水资源纠纷。通过国际合作，可以建立多边合作机制，共同制定水资源管理政策和法规，推动跨国流域水资源的合理开发和利用。国际援助和技术转移也可以帮助发展中国家提升水资源管理水平，实现可持续发展。

总的来说，国际合作对水资源管理具有重要的促进作用。只有通过国际合作，才能实现全球范围内水资源的可持续利用和管理，推动水利经济的发展，促进人类社会的可持续发展。希望各国共同努力，加强国际合作，共同应对水资源管理面临的挑战，共同推动水资源管理工作取得更大的成果。只有这样，才能实现水利经济的可持续发展和保障人民的水资源供应。

（四）环境保护对水资源管理的影响

环境保护对水资源管理的影响是非常重要的。随着人类社会的发展，水资源的利用和管理面临诸多挑战，而环境保护的重要性也日益凸显。在如今全球气候变化严重的背景下，水资源管理的可持续发展离不开环境保护的支持。环境保护可以有效减少水资源的污染和消耗，提高水资源利用的效率，保障水资源的可持续利用。环境保护还可以促进水资源的循环利用，减少水资源的浪费和损失，提高水资源的综合利用效益。环境保护对水资源管理具有积极的影响，有利于实现水资源管理的可持续发展和水利经济的持续增长。

三、水利工程管理的发展趋势

（一）新技术对水利工程管理的影响

随着社会经济的不断发展，水利工程管理也面临着新的挑战和机遇。新技术的应用给水利工程管理带来了许多积极的影响，提高了管理效率和水资源利用效率。新技术的引入使得水利工程管理更加智能化、信息化，为水资源管理和水利经济发展提供了更强有力的支持。同时，新技术的快速发展也要求水利工程管理在技术更新换代的道路上不断前行，不断探索创新。新技术的发展为水利工程管理带来了无限的可能性和发展空间，也为水利经济的可持续发展奠定了更坚实的基础。因此，加强对新技术的研究和应用，将有助于推动水利工程管理行业的发展，适应社会发展的需求，实现水利资源的可持续利用和经济效益的最大化。

（二）人才培养对水利工程管理的促进

人才培养对水利工程管理的促进是至关重要的。随着社会和经济的不断发展，对水资源的需求也在不断增加，因此需要更多专业人才来进行水利工程的管理和运营。只有通过人才的培养，才能更好地应对水利工程管理中所面临的挑战，实现水利经济的可持续发展。只有拥有高素质的人才，才能推动水利工程管理的创新和进步，提高水资源利用效率，促进水资源的可持续利用。因此，加强人才培

养对水利工程管理是非常必要的，对今后水利经济的发展具有重要意义。

（三）政策法规对水利工程管理的指导

水资源管理的必要性，水利经济发展的重要性，水利经济发展的挑战与机遇，水利工程管理的发展趋势，政策法规对水利工程管理的指导，这些都是当前水利领域亟待解决和关注的问题。政策法规对水利工程管理的指导是保障水资源合理利用和水利经济持续发展的重要保障。水资源是生命之源，是国家的宝贵资源，必须得到科学合理利用，才能更好地支持经济社会的发展。同时，水利经济的发展也是我国实现可持续发展的关键之一，对于国家的整体经济发展和社会稳定起到至关重要的作用。水利工程管理的发展趋势应当紧贴国家政策法规的要求，积极探索创新，提高管理水平，更好地服务于水利经济的发展和水资源的合理利用。面对水利工程管理的挑战与机遇，我们必须不断完善政策法规，加强监管力度，推动水利工程管理向着更加科学、规范、高效的方向发展。愿我们共同努力，为实现水利经济的可持续发展贡献自己的力量。

四、水利经济发展的政策支持

（一）水利企业发展的政策保障

在当前水资源管理日益严峻的形势下，水利经济发展显得尤为重要。水资源管理的必要性不言而喻，而水利经济发展的重要性也愈发凸显出来。然而，水利经济发展面临着诸多挑战与机遇。在这种情况下，政策支持显得尤为关键。政策支持将为水利企业发展提供保障，促进我国水利事业的繁荣发展。

当前，水利企业发展面临诸多挑战，其中包括技术落后、资金不足、管理不善等问题。这些挑战既是水利企业发展的障碍，也是水利经济发展的瓶颈。然而，正是在这些挑战中，我们也能够发现机遇。政策支持将为解决这些难题提供方向和动力，为水利企业发展创造更多机遇。

政策支持不仅仅是对水利企业的直接支持，更是对整个水利经济发展的推动。政策支持可以通过完善相关政策法规、加大资金投入、优化管理机制等方式，为水利企业发展提供更加有力的支持。在政策支持的引领下，水利经济发展将进入一个新的发展阶段，实现更大的发展空间和潜力。

水利企业发展的政策保障旨在提供一个稳定、有序的发展环境，为水利企业的健康发展提供保障。在政策保障下，水利企业将能够更加果断地应对各种挑战，抓住各种机遇，实现更好的发展。政策保障将成为水利企业稳步前行的坚强后盾，为水利经济发展注入强大动力。

总的来看，政策支持和政策保障将为水利企业发展提供重要保障，为水利经济发展注入新的活力。在政策的支持和保障下，水利经济发展将迎来更好的发展前景，为我国经济持续稳定增长贡献更大力量。

（二）水资源管理的政策支持

水资源管理的政策支持是确保水资源合理开发利用的重要保障，也是实现可持续发展的必要举措。政府在水资源管理方面需要制定相关政策，加强监管和法制建设，促进水资源的合理配置和保护。只有通过政策支持，才能解决水资源管理中存在的不均衡、浪费和污染等问题，实现水资源的可持续利用和生态环境的保护。

在当前水资源日益紧张的背景下，水资源管理的政策支持显得尤为重要。政府应该加强对水资源的规划和管理，推动水资源的节约利用和循环利用，促进水资源的合理配置和利用效率的提升。通过加强监管和执法力度，遏制乱采滥用水资源的行为，保障水资源的可持续利用和生态环境的健康。

水资源管理的政策支持涉及多个方面，需要政府、企业、社会各界的共同参与和努力。政府应该加大对水资源管理的投入和支持力度，促进水资源管理体制机制的改革和完善，鼓励企业和社会组织参与水资源管理，推动水资源管理工作的深入开展。只有通过政策支持和各方共同努力，才能实现水资源管理的科学化、规范化和可持续化发展。

水资源管理的政策支持是保障水资源合理利用和生态环境保护的重要举措，需要政府、企业、社会各界的共同努力，共同推动水资源管理工作的深入开展。希望相关部门能够重视水资源管理的重要性，加大政策支持力度，推动水资源管理工作取得更大成效，为我国水利经济的持续健康发展提供坚强支撑。

水资源管理的政策支持是保障社会经济发展和生态环境健康的重要保障。在当前日益增长的经济发展压力下，水资源管理显得尤为重要。政府应当积极引导企业和社会各界关注水资源管理，并通过政策引导和支持措施，促进水资源的科学利用和合理配置。同时，企业应当自觉履行社会责任，加强节水意识，推动绿色生产，实现经济效益和生态效益的双赢。社会各界应当增强保护水资源的意识，采取积极行动，共同参与水资源管理工作。

水资源管理的政策支持需要多方合作，形成强大合力。只有政府、企业、社会各界共同呼吁、共同协作，才能实现水资源管理的长远目标。希望能够凝聚更多的力量，加强全社会对水资源管理工作的认识和支持，共同为保护水资源、改善生态环境贡献力量。希望政府能够更加重视水资源管理工作，建立更加完善的政策体系，推动水资源管理工作向更高水平发展，为建设水资源丰富、生态环境优美的美好家园贡献力量。

（三）水利工程建设的政策引导

水利工程建设的政策引导十分重要。政府出台了一系列政策支持措施，以促进水利经济发展。这些政策旨在引导和规范水利工程建设，保障水资源的合理开发利用，提高水资源利用效率，保障水利工程的可持续发展。在政策的引导下，水利工程建设得以有序进行，为水利经济的发展提供了有力支持。政策引导着水利工程建设的方向和重点，促进了水利工程的健康发展。

政府的政策支持为水利工程建设提供了重要保障。因此，水利工程建设的政策引导对于水资源的管理和利用至关重要。只有政策支持到位，水利工程建设能够顺利进行，水利经济才能得到有效推动。水利工程建设是水资源管理的重要环节，政策引导则是保障水利工程建设顺利实施的关键。在政策的引导下，水利工程建设能够更好地发挥其作用，推动水资源管理和水利经济的健康发展。

（四）水资源安全的政策保障

水资源是人类生存和发展的基础，是支撑国民经济发展和社会稳定的重要资源。保障水资源安全，是我国水利工程管理的核心任务之一。水资源保障涉及到水资源的供给、利用、调控和保护等多个方面，需要政策的支持和保障。政府应该出台相关政策，促进水资源利用的合理化和科学化，建立健全的水资源管理制度，加强水资源监测和评估，提高水资源利用的效率和可持续性，确保水资源的安全供应和保障国家的生态环境和社会稳定。在当前严峻的水资源形势下，政策的制定和实施对于保障水资源安全至关重要。随着水利经济的发展和水资源管理模式的不断创新，我们有信心克服各种挑战，抓住机遇，实现水利经济的可持续发展。

五、水利经济发展的现状分析

（一）水利工程管理的发展趋势

水利工程管理的发展趋势具有重要意义，需要充分认识和把握。在当前社会形势下，水利工程管理的发展趋势已经成为国家战略的重要组成部分。水利工程作为国民经济的基础，对于保障国家安全和经济发展有着至关重要的作用。在当前环境下，水资源管理的必要性日益凸显，需要加强水资源管理工作，进一步推动水利经济发展。水利经济发展不仅是国家发展的重要支撑，也是实现可持续发展的基础。然而，水利经济发展面临着种种挑战与机遇，需要抓住机遇，应对挑战，促进水利经济的健康发展。水利经济的现状分析显示，我国水利工程管理取得了显著成绩，但仍有一些不足之处。因此，需要加强水利工程管理的科学性和规范性，推动水利工程管理的现代化和智能化发展。水利工程管理的发展趋势将是更加注重环保、节能、高效的方向，为实现水利经济的可持续发展提供更好的支撑。

（二）水资源利用的经济效益

水资源利用的经济效益是水利经济发展中不可忽视的重要方面。优化水资源的利用方式和提高水资源利用效率，不仅可以有效降低水资源的浪费，还能带来可观的经济效益。通过科学合理地规划和管理水资源，可以有效提高水利工程的效益，推动当地水利经济的发展。在这个过程中，水资源管理的必要性愈发凸显，需要加强对水资源的保护、利用和管理，以实现水资源的可持续利用。水利经济发展的重要性也随之凸显，只有充分发挥水资源在经济发展中的作用，才能实现经济的可持续增长。在面临挑战与机遇并存的现状下，需要综合考虑各方面因素，促进水利经济的健康发展。通过深入分析水利经济发展的现状，可以更好地把握机遇，化解挑战，实现水资源的可持续利用与经济效益的最大化。

（三）水利经济模式的创新

水利经济模式的创新对于我国水利工程管理和水利经济发展具有重要意义。当前，我国水利资源管理亟待完善，以应对日益严峻的水资源压力和水环境挑战。水利工程管理的模式需要不断创新，使其更加符合我国特殊的国情和现实需求。同时，水利经济发展也需要新的理念和模式，推动水利产业健康发展，实现水资源的高效利用和保护。面对挑战，我们应当抓住机遇，积极探索水利经济发展的新途径，促进我国水利事业的可持续发展。

（四）水资源管理的现状评估

在当前社会发展的背景下，水资源管理显得尤为重要。水资源是我们生存和发展的基础，有效的水资源管理能够保障国家的生态环境和经济可持续发展。随着经济的快速增长和城市化进程的加快，我国水资源管理面临着许多挑战和困难，也迎来了许多机遇和改革的良机。当前，我国水资源管理依然存在着一些突出问题，如水资源短缺、水污染严重、水资源分配不均等，需要加大力度加以解决。

对于水利经济发展的重要性，可以说是不言而喻的。水利工程的建设和经济的发展是相辅相成的，水利工程的发展可以促进经济的快速进步，而经济的发展也需要良好的水资源管理来支持。水资源既是生产生活的基础，又是环境保护的重要组成部分，水利经济发展将对国家的可持续发展起到至关重要的作用。

水利经济发展面临着诸多的挑战和机遇。在建设水利工程和开发水资源的同时，也要注重环境保护和生态平衡，需要在发展和保护之间取得平衡。同时，水资源的合理利用、节约用水、防治水灾等也是当前水利经济发展所面临的挑战。但是，随着科技的不断进步和管理水平的提高，我们也将迎来更多的机遇和发展空间。

综合分析我国水利经济发展的现状，要深刻认识到水资源管理的重要性，加大投入和改革力度，提高管理水平和效率，实现水资源的可持续利用，为经济的发展和社会的进步做出更大的贡献。水资源管理的现状评估是我们认识和解决问题的起点，只有深入了解现状，才能找到更好的解决方案。

第三节 水利经济发展的影响及对策

一、水利工程管理对经济发展的影响

（一）水利工程建设对城市发展的促进

水利工程建设对城市发展的促进是非常重要的。通过合理规划和建设水利工程，可以有效地解决城市水资源短缺和水污染等环境问题，保障城市居民的生活和生产用水需求。同时，水利工程建设还能促进城市基础设施的完善和现代化，提升城市的整体形象和城市化水平。水利工程建设还能为城市创造就业机会，推动相关产业的发展，带动经济增长，助力城市实现可持续发展。在未来的发展中，水利工程建设将继续在城市发展中发挥重要作用，为城市发展注入新的动力和活力。

（二）水资源管理对农业生产的支持

水资源管理对农业生产的支持是当前水利经济发展中不可或缺的重要部分。在农业生产过程中，充足的水资源是保障粮食生产和农业发展的基础。通过科学合理地利用水资源，可以提高农作物的产量和质量，确保粮食供应的稳定性。优质的水资源还可以促进农业生产的农业结构调整和产业升级，提高农民的收入水平和生活质量。水资源管理对农业生产的支持，将为我国农业现代化和粮食安全作出积极贡献。

（三）水利企业对工业经济的贡献

水利企业作为水利工程管理的主要组成部分，对工业经济的发展起着重要作用。通过不断提升水利设施建设的技术水平和管理水平，水利企业在保障国家水资源的合理利用和保护的同时，也为工业经济的发展提供了强有力的支持。水利企业的不断创新和发展，为工业企业提供了更加便捷、可靠的水资源保障，从而推动了工业生产的稳定增长和经济效益的提升。水利企业的贡献不仅体现在为工业企业提供水资源支持，还体现在不断改善水资源利用效率和保护水环境的工作中。在推动工业经济转型升级和可持续发展的进程中，水利企业发挥着不可替代的重要作用。

二、水利经济发展的政策支持

（一）国家政策对水利经济的引导

国家政策对水利经济的引导是促进水利事业发展的重要动力。随着中国经济的快速发展，水资源管理的必要性日益凸显。水是生命之源，水资源的管理和利用直接关系到国家的经济发展和人民生活。因此，水利经济发展的重要性不言而喻。然而，水利经济发展也面临着诸多挑战和机遇。当前，我国水利设施相对滞后，水资源利用效率仍有待提高，水资源的分布不均衡等问题愈发凸显，但同时也蕴含着巨大的发展机遇。为应对这些挑战，必须加强水利经济发展的现状分析，深入研究影响水利经济发展的因素，并提出有效的对策。在这一过程中，政府应加大对水利事业的政策支持，为水利经济发展提供坚实的保障。国家政策对水利经济的引导不仅是推动水利经济发展的关键，也是实现可持续发展目标的重要保障。

（二）地方政府的政策支持

地方政府的政策支持对于水利经济发展至关重要，可以有效调动各方面力量，推动水利业的发展，提高水资源的利用效率，促进地方经济的发展。地方政府通过制定各项政策和措施，加大对水利工程建设和维护的投入，推动水利设施的更新与完善，提高水资源管理水平，保障水利工程的长期稳定运行。地方政府还可以鼓励企业开展水利科技研发，推动水利科技与产业的深度融合，促进水利经济

水利工程管理与水利经济发展探究

的持续健康发展。同时，地方政府还可以引导和支持农民适应新型农业生产模式，提高农业用水效率，降低水资源浪费，实现水资源的可持续利用。地方政府的政策支持将为水利经济发展提供有力保障，助力实现水资源和经济的双赢局面。

（三）行业政策对水利经济的促进

水利工程管理与水利经济发展探究是当前社会关注的热点问题之一。水资源是人类生产生活的重要基础，因此水资源管理的必要性不言而喻。水利经济发展的重要性更是不可忽视，它直接关系到国民经济的发展和人民生活水平的提高。然而，水利经济发展在挑战与机遇并存中前行，既面临着资源有限、环境污染等方面的问题，也孕育着制度创新、科技进步等方面的机遇。

当前水利经济发展的现状分析显示，我国水资源管理水平相对较低，水资源利用效率有待提高，面临的问题仍然繁多。水利经济发展的影响涉及到人民生活、生态环境、社会稳定等多个方面，因此制定相关对策势在必行。

为了推动水利经济的可持续发展，政府需要加大对水利工程管理及水利经济发展的政策支持力度，通过建立健全的法律法规、加强监督管理等措施，确保水资源的合理利用和有效保护。

行业政策对水利经济的促进，不仅体现在政策的出台和执行上，更需要各级政府、相关行业机构及社会各界的共同努力，共同推动水利经济实现良性发展，为国家经济的可持续增长和人民生活的幸福美好作出应有的贡献。

（四）金融政策对水利经济的支持

金融政策对水利经济的支持对于水利工程管理及水利经济发展至关重要。通过制定合理的金融政策，可以为水利工程领域提供资金支持，促进水资源的合理利用和管理。同时，金融政策还可以激励企业和个人参与水利工程建设，推动水利经济的发展。在当前形势下，金融政策需要更加灵活和创新，以应对水利经济发展面临的新挑战和机遇。同时，政府在制定金融政策时需要考虑到保障水资源的可持续利用，为水利经济发展提供良好的金融环境和支持。

（五）环保政策对水资源的保障

中国政府一直重视水资源管理的必要性，意识到水利经济发展的重要性。当前，水利经济发展面临着诸多挑战，但也有许多机遇。通过对水利经济发展的现状分析，可以看出其对社会经济的影响，因此需要及时采取对策。政府出台了一系列支持水利经济发展的政策，其中环保政策起到了保障水资源的重要作用。

三、水利工程管理的应对措施

（一）优化管理机制

在当前社会中，水利工程管理和水利经济发展的关系日益紧密。为了有效利用有限的水资源，提高水资源利用效率，保障人民群众的生活和生产需求，必须加强水利工程管理，优化管理机制，促进水利经济的可持续发展。而对于水利经济发展面临的挑战和机遇，我们需要认真分析，采取有效对策。

一方面，水资源管理的必要性日益凸显，人口增长、城市化进程加快等因素导致水资源供需矛盾加剧，必须建立科学的水资源管理体系，合理配置水资源，保障水资源的可持续利用。另一方面，水利经济发展的重要性日益凸显，水利工程是国民经济的重要基础设施，对于增强国家综合竞争力、保障国家经济发展具有重要意义。

在当前形势下，水利经济发展既面临挑战，也蕴含机遇。挑战在于水资源过度开发、水污染严重、气候变化等问题制约着水利经济的发展，需要加强水资源保护和治理；机遇在于新技术的应用、新模式的探索，为水利工程管理提供了新思路和新途径。

针对水利经济发展的现状，我们需要深入分析，提出合理对策。水利工程管理的应对措施包括加强规划设计、推进科技创新、提高管理水平等方面；同时，优化管理机制，提高效能，提升服务水平，保障水利工程的长期发展。

总的来说，水利经济发展是一个综合性、系统性的工程，需要政府部门、企业机构和社会各界共同努力，加强合作，共同促进水利经济发展，实现水资源的可持续利用和经济社会的可持续发展。优化管理机制将是实现这一目标的关键之一。

（二）加强监督检查

加强监督检查对于水利工程管理和水利经济发展至关重要。只有通过加强监督检查，才能及时发现和解决水利工程管理中存在的问题和隐患，确保水资源的有效利用和合理配置。同时，加强监督检查可以提高水利工程管理的透明度和公开性，增强社会公众对水资源管理工作的信任和支持。加强监督检查需要建立健全的监督检查机制，加大对水利工程管理单位和相关人员的监督力度，及时发布监督检查结果，强化责任追究，确保水利工程管理和水利经济发展的稳步推进。通过加强监督检查，可以有效提升水利工程管理的水平，推动水利经济发展走向

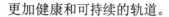

更加健康和可持续的轨道。

（三）促进科技创新

水利工程管理与水利经济发展探究是当前社会发展的必然趋势。水资源是人类生存和发展的基础，而水利工程管理的科技创新则是实现可持续发展的关键。当前，我国水利工程管理正面临着新的挑战和机遇，需要不断探索创新路径，提高管理水平。促进水利工程管理的科技创新，能够提高水资源利用效率，保障水利工程的安全稳定运行，推动水利经济发展与社会进步。因此，加强科技研究，推动水利工程管理技术的创新和应用十分重要。

四、水资源利用的经验与启示

（一）国内外水利工程管理的经验借鉴

在当前全球气候变化不断加剧的背景下，水资源管理显得尤为紧迫和重要。作为一种重要的战略资源，水资源的管理对于维护社会经济的可持续发展起着至关重要的作用。水资源有限，需要有效管理和利用，以满足人们对水的需求，维护生态平衡。水利经济发展是水资源管理的重要组成部分，对于促进水资源的高效利用和可持续发展至关重要。随着经济的不断发展和人口的增长，水资源短缺已成为全球性问题，如何有效管理水资源、提高利用效率成为摆在各国面前的重要任务。

水利经济发展既面临挑战也蕴藏机遇。挑战主要来自于资源供给不足、水资源污染加剧、气候变化等问题，而机遇则体现在水利基础设施建设的需求增加、技术创新的推动以及水资源管理理念的更新。水利经济发展现状分析表明，各国在水资源管理和水利工程建设方面取得了一定的成就，但仍面临着很多困难和挑战。因此，需要通过加强政策引导、提高技术水平、加强国际合作等措施，以实现水资源的可持续利用和管理。

水利经济的发展不仅仅关乎人类自身的利益，也影响着整个生态环境的稳定与发展。水资源管理的经验与启示为我们提供了宝贵的借鉴，需要充分总结国内外水利工程管理的成功经验，并将其运用到实际工作中。同时，也需要深入研究水资源管理的新理念和新技术，加强国际合作，共同应对全球水资源管理的挑战。只有坚持科学发展观，积极探索创新模式，才能更好地推动水利经济的发展，实现水资源的可持续利用和管理。

（二）水资源管理的有效模式

水资源管理的有效模式是确保水资源的可持续利用和合理分配的重要途径。通过建立科学的水资源管理体系，有效监控水资源的开发利用，合理规划水资源的利用方式，加强水资源的保护和治理，提高水资源利用的效率与节约程度。在实践中，水资源管理需要综合考虑各方面的因素，包括政策法规、科技创新、社会经济环境等方面，通过制定科学可行的管理措施，实现水资源的可持续利用和发展。有效的水资源管理模式有助于保障人民生活用水、农业生产用水、工业生产用水等各项用水需求，在促进社会经济可持续发展的同时，防止水资源的恶化和过度开发。水资源管理的有效模式对于推动水利经济发展，实现水资源的可持续利用和发展，具有重要的意义和价值。

（三）水利经济发展的新思路

水利经济发展是国家经济发展重要组成部分，也是关系国民经济和人民生活的重要领域。在当前水资源短缺和水污染严重的背景下，实现水资源的高效利用和保护已成为我国水利经济发展的当务之急。面对挑战，我们需要转变传统的水资源管理模式，加强水资源管理的科学管理和规划，推动水利科技创新，促进水利工程建设和水资源保护相结合，努力实现水资源的可持续利用。同时，我们也要看到水利经济发展所带来的机遇，如加强水利工程建设和技术研究，将会带动相关行业的发展，促进区域经济的繁荣。

在当前形势下，我们需要充分认识到水利经济发展的重要性，切实加强对水资源的保护和管理，提高水资源利用效率，推动水利工程建设和技术研究，努力实现水资源的合理配置和高效利用。同时，我们也要充分认识到水利经济发展所面临的挑战，如水资源短缺、水污染严重等问题，需要采取有效措施加以应对，提高水资源利用效率，保护水资源环境，为我国经济社会可持续发展奠定坚实基础。

总的来说，水利经济发展的新思路是要加强对水资源的保护和管理，提高水资源利用效率，推动水利工程建设和技术研究，促进水资源的可持续利用。希望广大专家学者和相关工作人员能够紧密团结在党中央的领导下，认真贯彻落实党的水治理方针政策，共同努力，为实现水资源的可持续利用和水利经济的健康发展而努力奋斗。

（四）水资源利用的可持续发展

水资源管理的必要性是显而易见的，水是人类生存和发展的基础资源，因此有效管理和利用水资源对于社会经济的可持续发展至关重要。水利经济发展的重要性也不容忽视，它不仅关系到人民生活的品质，更直接影响国家的发展进程。水利经济发展面临着诸多挑战，但同时也蕴藏着巨大的机遇。在当前的形势下，对水利经济发展的现状进行深入分析，将有助于找出问题所在，并提出有效的解决方案。水资源的利用经验将为今后的发展提供宝贵的启示，而实现水资源利用的可持续发展更是我们共同的目标。在推动水利经济发展的过程中，我们需要认清水资源管理的必要性，充分认识到水利经济发展的重要性，抓住挑战与机遇，制定科学的对策，以实现水资源利用的可持续发展。

（五）水利经济发展的启示

在当前社会发展的背景下，水资源管理和水利经济发展显得尤为重要。水资源是人类社会生存和发展的基础，有效管理和利用水资源是保障国家生态安全和经济可持续发展的关键所在。随着经济的快速增长和城市化进程的加快，水资源供需矛盾日益加剧，水资源管理面临着严峻挑战。然而，同时也蕴藏着巨大的发展机遇和潜力，只要抓住机遇，克服挑战，水利经济发展必将取得长足进步。

当前，我国水利经济发展面临着一系列矛盾和问题：水资源过度开发、污染严重、生态环境受损、供水不足等。然而，我们也看到了政府和社会各界对水资源管理的重视，加大投资力度，推动水利工程建设和技术创新，努力实现水资源的高效利用和保护。同时，水利经济的发展也带动了相关产业和就业增长，促进了地方经济的繁荣。

为了更好地推动水利经济的发展，我们需要深入研究水资源管理的经验和启示，吸取国内外成功的做法和经验，加强科技创新，推动绿色发展，提高水资源利用效率，保护水资源生态环境，实现可持续发展。同时，政府部门和企业应加大投入，加强监管，建立健全的管理体系和政策法规，促进水资源的均衡配置和可持续利用。只有这样，我国水利经济才能迎来更加美好的明天。

第四节 水利工程管理与水利经济发展的未来展望

一、水利工程管理的发展趋势

（一）新技术对水利工程管理的影响

新技术对水利工程管理的影响无疑是一个重要的议题。随着科技的不断发展和应用，传统的水利工程管理方式已经难以适应当今社会的需求。因此，引入新技术成为水利工程管理的必然选择。新技术能够提升水利工程的效率和精度，减少资源浪费，降低成本，提高管理水平。例如，智能化的水利监测系统可以实时监测水流情况，防止水灾的发生；大数据和人工智能技术可以分析水资源利用的模式，提供更科学的管理建议；无人机技术可以实现对水利设施的全面监测和维护，避免出现质量问题。总体来说，新技术的应用对水利工程管理将产生深远的影响，有利于实现水利经济的持续发展。

（二）人才培养对水利工程管理的促进

人才培养是水利工程管理中至关重要的一环。只有培养出具备专业知识、技能和实践经验的水利工程人才，才能有效推动水利工程管理的发展。通过系统的培养计划和实践机会，可以提高水利工程人才的综合素质和创新能力，从而更好地应对水利经济发展中的挑战。

在人才培养方面，需要注重理论知识的学习和实践技能的培养相结合，建立多方面的培养机制，包括课堂教学、实验实践、科研训练等各个环节。同时，还要不断更新教学内容，紧跟行业发展和技术变革的步伐，确保培养出的人才具备与时俱进的专业能力。

除了传授专业知识和技能外，还要注重培养学生的团队合作、沟通协调能力，培养他们具备解决问题和创新思维的能力，使他们能够在实际工作中灵活应对各种复杂的情况。

加强产学研结合，与行业企业建立紧密的合作关系，为学生提供更多的实践机会和实践平台，让他们在实践中不断提升自己的技能和能力。只有通过这样的全方位培养，才能真正培养出适应水利工程管理需求的人才，为水利经济发展做出更大的贡献。

（三）政策法规对水利工程管理的指导

在当前社会发展的背景下，水利工程管理与水利经济发展已经成为当今时代的紧迫任务。随着全球气候变化和强烈的自然灾害频繁发生，水资源管理的必要性更加凸显。同时，水资源是维持生态平衡和促进经济可持续发展的重要基础。水利经济发展的挑战与机遇并存，需要我们审时度势，从中发现和把握发展机遇，同时应对挑战并采取必要措施。目前，水利经济发展的现状分析显示，我国水资源环境形势依然严峻，需加强管理和调控。水利经济发展的影响不可忽视，需要通过科学合理的措施和策略，加强水资源利用效率，提高水资源综合利用水平。水资源利用的经验与启示应该引起我们的深思，推动水资源管理模式的创新和改革。水利工程管理与水利经济发展的未来展望充满希望，只有不断提高管理水平，探索新的发展路径，才能实现水资源可持续利用。水利工程管理的发展趋势是科学、信息化和智能化，并需遵循政策法规对水利工程管理的指导，全面推动水利工程管理的现代化进程。

（四）国际合作对水资源管理的促进

国际合作对水资源管理的促进具有重要意义，可以帮助各国更好地应对水资源管理中的挑战。在全球化背景下，各国之间的合作可以促进水资源的跨国流动和共享，有效解决跨境水资源治理问题。同时，国际合作可以引入先进的水资源管理理念和技术，提升水资源利用效率，促进可持续发展。通过与国际组织和其他国家合作，还可以有效利用外部资源，提升本国水资源管理的能力和水平。在全球气候变化背景下，国际合作还可以共同应对极端气候事件带来的水资源管理挑战，促进水资源管理的可持续发展。因此，加强国际合作是推动水资源管理向更加科学、规范和可持续方向发展的重要途径。

（五）生态环境对水利工程管理的影响

生态环境对水利工程管理的影响是重要的。水资源管理的必要性不仅在于保护生态环境，同时也需要考虑水利经济的发展。水利工程管理对于水资源的可持续利用和生态环境的保护具有重要意义。在当前的背景下，水利经济发展既面临挑战，也充满机遇。通过分析水利经济发展的现状，我们可以更好地把握水资源的利用和管理。水利经济的发展对国家的经济发展和环境保护都具有重要意义。我们需要更多地借鉴水资源利用的经验和启示，以更好地推动水利工程管理与水利经济的发展。展望未来，水利工程管理将会积极应对各种挑战，发展更加智能化、可持续化的水利工程。生态环境对水利工程管理的影响将会越来越重要，我们需要加大生态环境保护力度，促进水资源的可持续利用。水利工程管理的未来发展趋势将会更加注重生态环境的保护，实现经济效益与环境效益的统一。

二、水利经济发展的前景展望

（一）水利工程对经济的影响

水利工程对经济的影响是深远而重要的，它不仅仅是关乎水资源管理和利用效率的问题，更是关系到整个经济社会的可持续发展。水利工程的建设和管理不仅可以提高水资源利用率，保障国家水资源安全，还可以推动经济增长，促进农业生产，改善生态环境，增加就业机会，改善人民生活水平。水利工程的发展不断促进了水利经济的发展，为我国经济增长注入了新动力。在当前全球气候变暖和资源环境问题日益突出的背景下，水利工程对经济的影响更加凸显，具有极为重要的现实意义。通过加强水利工程管理，优化水资源配置，提高水资源利用效率，可以为我国经济持续健康发展提供有力支持。在未来，随着科技的不断发展和经济的进一步壮大，水利工程必将发挥更加重要的作用，为水利经济发展注入新的活力，实现经济与环境的协调发展。

（二）水利企业在经济中的地位

水利企业在经济中扮演着重要的角色，其地位至关重要。水利企业在水利经济发展中发挥着不可或缺的作用，在整个水资源管理体系中起着关键的支撑作用。随着我国水利事业的不断发展，水利企业也逐渐壮大，成为国民经济发展的重要组成部分。

水利企业所代表的不仅仅是一个行业，更是国家水利事业的重要力量。在水资源管理和利用中，水利企业通过技术创新、工程设计和实施等各个环节的努力，不断完善水利设施，提高水资源的综合利用效益，为水利经济发展注入了新的活力。同时，水利企业还承担着水利工程管理、运行维护等责任，保障了水资源的安全可靠利用。

随着我国水利事业的提升和发展，水利企业在今后的经济中将继续发挥重要作用。未来，水利企业需要加强技术创新，提高管理水平，推动水利经济的良性发展，更好地满足人民日益增长的水资源需求，为实现经济可持续发展作出更大的贡献。水利企业的地位不断提升，将为我国的经济发展注入更多的动力和活力。

（三）水资源管理对经济的重要性

水资源管理对于经济发展的重要性不言而喻，水是生命之源，也是经济发展的基础。水资源的有效管理和合理利用，不仅可以保障人民生活的需求，也能支撑各行业的发展。随着社会经济的不断发展，水资源日益稀缺，管理的重要性也凸显出来。只有加强水资源管理，才能实现经济社会可持续发展的目标。

水利经济发展作为一个重要的领域，对于国家的经济增长和社会进步至关重要。发展水利经济，可以促进农业生产、改善生态环境，推动水资源的综合利用。通过不断完善水利工程建设和管理体制，提高水资源利用效率，不仅可以满足人民群众的用水需求，还可以有效推动区域经济的发展。

水利经济发展面临着诸多挑战，如水资源短缺、水污染、水灾等问题，同时也有着发展机遇，如科技创新、政策支持等。只有充分认识到挑战并及时应对，才能抓住机遇，实现水利经济的可持续发展。

当前，我国水利经济处于快速发展阶段，取得了一系列成就。但也存在一些问题，如部分地区水资源利用效率低下，水环境污染严重等。因此，需要进一步加强水利工程管理，优化资源配置，实现水资源的可持续利用。

水利经济的发展不仅对经济社会带来积极影响，也会影响人民生活质量和生态环境。为此，需要制定合理的管理政策，加强技术创新，推动水利经济的可持续发展，实现经济、社会和环境的协调发展。

总结过去的经验教训，可以发现合理利用水资源对于经济社会发展的重要性。在未来的发展中，应加大水利工程建设和管理力度，不断提高水资源利用效率，实现经济的可持续增长。

展望未来，水利工程管理将继续发挥重要作用，促进水利经济的持续发展。通过加强技术创新、完善管理体制，可以实现水资源的高效利用，推动经济社会的发展。

水利经济发展的前景广阔，随着我国经济社会的不断发展，水资源管理也会逐步完善。未来，我们应该不断总结经验、充分发挥优势，为实现水利经济的长远发展制定合理的规划和政策。

（四）水利经济发展的新机遇

在当今社会中，水资源管理的重要性不言而喻。水是生命之源，是社会经济发展的基础。水资源的管理不仅仅关乎人民的生存和发展，也关系到国家的长远利益。因此，水资源管理的必要性是毋庸置疑的。

水利经济发展作为国家经济发展的重要组成部分，具有不可替代的重要性。

水资源的合理利用和产业化开发，对于国民经济的增长和社会的稳定都具有重要意义。水利经济的发展，不仅能够带动相关产业的发展，还可以促进农业现代化和城市化进程，推动国家经济的可持续发展。

然而，水利经济发展也面临着诸多挑战与机遇。随着经济的快速发展，水资源的供需矛盾日益突出，水利工程建设存在着资金与技术上的困难。但与此同时，也有技术的突破和政策的支持，为水利经济的发展提供了良好的机遇。

当前，我国水利经济发展的现状是不容忽视的。水资源短缺和污染严重制约了水利经济的发展，而水利工程建设和管理水平不断提升，为水利经济的发展奠定了坚实的基础。因此，在分析水利经济发展现状的基础上，制定合理的对策和措施，是当前水利经济发展的当务之急。

水资源的利用经验值得我们借鉴与启示。在世界各国的实践中，我们可以发现一些成功的经验和做法，从而为我国水利经济的发展提供借鉴与启示。通过学习他人的经验，我们可以更好地规划和实施我国的水利工程管理，推动水利经济的发展。

展望未来，水利工程管理与水利经济发展将迎来更加广阔的发展空间。随着技术的不断进步和政策的逐步完善，我国水利经济发展的前景令人振奋。新的机遇和挑战也将随之而来，我们需要不断创新和开拓，以更好地适应和应对新形势下的水利经济发展需求。水利经济的新机遇将为我国经济发展注入新的活力和动力。

（五）水资源利用的前景展望

随着社会经济的发展和人口的增长，水资源日益成为一项紧缺资源，如何有效利用水资源并推动水利经济发展成为当前亟待解决的重要问题之一。水利工程的建设与管理不仅可以有效保护水资源，还能够促进农业生产、工业发展和生态环境的改善，为水利经济的发展提供有力支撑。

在未来，随着技术的不断创新和政策的不断完善，水利工程管理将会更加精细和智能化，提高水资源的利用效率和管理水平。通过科学规划和合理布局，可以有效应对枯水期和旱灾，保障农业生产和城市供水，实现水资源的可持续利用。同时，加强水利工程设施的维护和更新，提高抗灾能力和安全性，为水利经济的持续发展提供有力保障。

未来，水利经济发展面临挑战的同时也蕴藏着巨大的机遇。加强国际合作，共同推动水资源管理和利用的全球化，打破地区分割和行业壁垒，实现资源的共享和优势互补，促进全球水资源的可持续发展。同时，加大科研投入和人才培养，培育一支具有国际视野和创新能力的水利工程管理人才队伍，推动水利经济的国际化和产业化。

　　总的来说，水利工程管理与水利经济发展的未来展望是充满希望和挑战的。只有不断加强研究和实践，不断探索创新，才能更好地解决当前水资源管理和利用中存在的问题，推动水利经济实现可持续发展，为人类社会的进步和发展作出更大贡献。

第四章 水利经济发展的影响因素分析

第一节 政策法规

一、国家水利政策

（一）水资源管理政策

水资源管理政策是指国家对水资源的利用、管理和保护所制定的政策规定和措施，是保障水利工程管理和水利经济发展的重要基础。国家制定了一系列水资源管理政策，包括水资源开发利用总体规划、水资源监测评价制度和水资源节约利用政策等。这些政策的实施对于水利工程管理和水利经济发展起着至关重要的作用。

在当前的社会发展中，水资源的管理政策越来越受到重视。国家制定了一系列的水资源管理政策，包括水资源的分配、利用和节约等方面的政策。这些政策的实施对于促进水利工程管理的科学化、信息化和现代化发展，实现水利经济的可持续发展具有非常重要的作用。

国家的水资源管理政策不仅仅是为了保证水资源的合理利用，更是为了实现国家水资源的可持续发展。在制定和实施水资源管理政策的过程中，需要充分考虑社会经济的发展需求，坚持节约优先、保护优先的原则，加强水资源管理的科学规划和综合协调，促进水利工程管理和水利经济的健康发展。

国家水资源管理政策的制定和实施，对于推动水利工程管理和水利经济的发展具有重要的意义。只有通过科学合理的水资源管理政策，才能有效地保障水资源的可持续利用和发展，实现水资源的合理配置和高效利用，推动水利工程管理和水利经济的发展取得更大的成就。

（二）水利基础设施建设政策

近年来，随着国家水利政策的不断优化和完善，水利工程管理对水利经济发展的促进作用日益凸显。水利基础设施建设政策的出台，为水资源的合理利用和保护提供了坚实的保障。在政府的大力支持下，水利基础设施建设不断加快步伐，各项工程进展顺利，为水利经济发展打下了坚实的基础。

水利基础设施建设政策的实施，不仅为水利工程管理提供了有力支持，也为水利经济发展注入了强劲动力。各项政策文件的出台，使水利工程建设更加有序和规范，为水利经济的快速发展奠定了基础。同时，水利基础设施建设政策的不断创新和完善，也为水利领域的技术进步和科学研究提供了重要保障。

国家水利政策的有力支持，为水利经济的健康发展提供了重要保障。政府鼓励和支持各地探索水利管理新模式，加大水利设施更新改造力度，促进水资源的高效利用和节约。国家还出台了一系列扶持政策，鼓励企业加大在水利领域的投入，推动水利产业的蓬勃发展。在国家水利政策的指导下，水利工程管理将更加科学化、规范化，为水利经济的可持续发展提供坚实保障。

（三）水利生态环境保护政策

根据国家水利政策的要求，水利工程管理与水利经济发展的探究是一个关键议题。在水利生态环境保护政策的指导下，我们需要深入分析水利经济发展的影响因素。政策法规对水利工程管理和水利经济发展提出了具体要求，需要我们认真研究并实施。国家水利政策对水利经济发展的路径和目标进行了规划和对接，为我国水利事业的可持续发展提供了指导和支持。水利生态环境保护政策的出台，为保护水资源、改善水环境、促进经济可持续发展奠定了法律基础。在水利工程管理与水利经济发展探究中，要充分考虑政策法规和国家水利政策的影响，才能更好地实现水利经济发展的目标。

（四）水资源利用效率政策

水资源利用效率政策是指通过科学合理的管理和利用水资源，提高水资源利用效率，实现可持续发展。我国自古以来就有"水利工程万丈都通金汤泉"、"水可载舟也可覆舟"等谚语，可见对水资源的重视。在当前社会发展的背景下，水资源的管理和利用已成为国家战略的重要组成部分。国家对水资源的管理和利用提出了一系列政策法规，以促进水利工程管理与水利经济发展。

国家水利政策的出台，为水资源的管理和利用提供了有力的支持。政府部门提出了加强水资源保护、提高水资源利用效率、促进水资源科技创新等一系列措施，以实现水资源的可持续利用。水资源是人类生存和发展的重要基础，国家水利政策的出台对于保障国家的经济安全和社会稳定具有重要意义。

水资源利用效率政策的制定和实施，可以有效地提高水资源的利用率，减少浪费，有效地解决水资源短缺问题。通过加强水资源管理和科技创新，提高水资源的利用效率，实现"用水量减少，增产效果双提高"的目标。水资源利用效率政策的实施需要各级政府、企业和社会各界的共同努力，共同推动水利工程管理和水利经济发展向着更加科学和可持续的方向发展。

根据国家水利政策和水资源利用效率政策的指导，推动水利工程管理与水利经济发展紧密结合，实现经济效益和社会效益的双赢。水资源是人类生存和发展的重要基础，我们应当以科学的态度去管理和利用水资源，推动水利工程管理和水利经济发展取得更大的成就。愿我们共同努力，实现可持续发展的目标。

（五）水资源价格管理政策

在水利工程管理与水利经济发展的探究中，水资源价格管理政策起着至关重要的作用。通过制定相关政策，可以有效调动市场主体的积极性，提高水资源利用效率，推动水利工程管理和水利经济的可持续发展。国家水利政策的制定是保障水资源安全和实现可持续发展的重要手段，为各级政府和相关部门提供了指导和规范。水资源价格管理政策的意义在于通过合理定价，引导水资源的有效配置和利用，实现水资源的可持续开发和利用。政府的实施水资源价格管理政策，有利于解决当前水资源配置不合理和浪费严重的问题，推动水利经济的健康发展。同时，水资源价格管理政策的出台，也有利于提高水资源的市场化程度，促进水资源的循环利用和保护，更好地维护生态环境和社会经济的可持续发展。在实践中，要根据水资源的特点和需求，科学制定水资源价格管理政策，灵活调整，并及时进行监督和评估，以确保政策能够有效落实，为水利工程管理和水利经济的发展提供有力支撑。

二、地方水利管理规章制度

（一）地方水利建设规划

对于水利工程管理以及水利经济发展的探究而言，地方水利建设规划是至关重要的一环。地方水利建设规划是指根据国家水利政策和规划要求，结合地方实际情况和发展需求，确定本地区水利工程建设的总体规划、布局和发展目标，是指导地方水利工程建设的纲领性文件。地方水利建设规划有助于合理规划和布局水利工程建设，推动水利事业的发展，促进水利经济的增长和社会进步。地方水利建设规划应当综合考虑地区水资源、水文地质条件，技术经济条件，社会发展需求等因素，科学制定水利工程建设规划，确保水利工程建设实现可持续发展。

地方水利建设规划需要与国家水利政策、国家水利规划相协调，充分考虑国家水利建设总体规划和水资源分布状况，统筹规划和使用地方水资源，加强水利工程的布局和调配，提高地方水资源综合利用效率。地方水利建设规划还需要充分考虑当地的经济发展、环境保护、社会民生等因素，统筹规划水利工程建设，实现经济效益、社会效益和生态效益的统一。

地方水利建设规划应当明确水利工程建设的重点任务和发展方向，提出具体的工程建设方案和实施措施。同时，地方水利建设规划还应当明确水利工程建设的管理机制、资金保障和监督机制，加强水利建设过程管理，保障水利工程建设的顺利进行和顺利实施。通过将地方水利建设规划与水利工程管理和水利经济发展相结合，可以促进水利工程的顺利实施，推动水利事业的发展，为地方经济社会发展提供良好的支撑和保障。

（二）地方水资源调配政策

地方水资源调配政策是指各级政府为了实现水资源的合理配置和利用，制定出的具体政策措施。这些政策涉及到水资源的开发、利用、保护和管理等方面，对水利工程的建设和管理具有重要影响。地方水资源调配政策的出台，旨在解决水资源分布不均、利用不当和管理混乱等问题，推动水利经济的发展和社会进步。

在我国，地方水资源调配政策主要体现在《水法》、《水利法》等水利管理规定中，并且各地还会根据实际情况出台具体的地方性水资源调配政策。这些政策规定了水资源的开发利用权限、土地水利工程建设审批程序、水资源税收政策等内容，为水利工程的规范管理提供了法律保障。

地方水资源调配政策还包括制定水资源税收政策、水资源价格管理政策、水资源排污收费政策等。这些政策的实施将直接影响到水资源的利用效率和社会经济的发展。因此，地方政府在制定水资源调配政策时需要综合考虑当地的经济发展水平、水资源利用现状和生态环境保护等因素，确保政策的科学性和有效性。

总的来说，地方水资源调配政策是水利工程管理和水利经济发展的重要支撑，只有科学合理地制定和实施相关政策，才能实现水资源的可持续利用和经济社会的可持续发展。希望未来能有更多关于水资源调配政策方面的研究，为我国水利工程的管理和水利经济的发展提供更多有益的借鉴和启示。

（三）地方水利生态环境保护政策

地方水利生态环境保护政策在当前水利工程管理与水利经济发展中扮演着重要角色。政策的制定与执行对于保护水资源、改善水环境质量、促进水利经济的可持续发展具有重要的指导意义。地方水利生态环境保护政策的出台，旨在加强对水资源的合理利用和保护，提高水资源利用效率，保障水资源的可持续利用。同时，政策也强调了对水环境的维护和保护，防止水资源污染，保障人民群众的饮水安全。

地方水利生态环境保护政策的实施需要依托于健全的管理体系和规章制度。相关法规的制定和实施，有助于规范水利管理行为，促进水资源的有效利用和保护。地方水利管理规章制度的建设，不仅有利于加强对水利设施和工程的监管，确保其安全运行，还能提升水利管理工作的效率和水平，推动水利事业的健康发展。

地方水利生态环境保护政策的贯彻落实以及相关水利管理规章制度的健全完善，对于水利工程管理与水利经济发展的推动具有重要意义。在今后的工作中，需要进一步深化水利管理体制改革，加强政策法规的宣传和执行力度，不断优化水利生态环境保护政策，推动水利事业朝着更加可持续、健康的方向发展。愿我们共同努力，为实现水利工程管理与水利经济发展的共同目标而不懈奋斗。

在当前全球环境面临严重挑战的背景下，地方水利生态环境保护政策的执行不仅仅是一项责任，更是一种使命。只有通过健全的管理体系和规章制度，我们才能更好地保护水资源，促进生态平衡的实现。在这个过程中，对相关法规的持续完善和严格执行是至关重要的。地方水利管理规章制度的不断优化，既可以有效监管水利设施和工程的运行，又可以提高水利管理效率，为水利事业的可持续发展提供坚实基础。

在推动地方水利工程管理与水利经济发展的过程中，我们需要不断强化管理体制改革，加大政策法规的宣传力度，确保每一项环保政策都能得到有效执行。同时，要加强与相关部门的合作，形成合力，共同推动生态环境保护工作向前发展。通过不懈努力，我们可以更好地实现水资源有效利用和保护之间的平衡，为未来子孙后代留下一个更美好的环境。

水利工程管理与水利经济发展是一项长期而艰巨的任务，需要我们每个人的参与和努力。只有不断加强规章制度建设，贯彻生态环保政策，才能实现水利事业的长远发展目标。希望我们能更加紧密合作，不忘初心，继续为保护水资源、促进生态平衡而共同奋斗。让我们携起手来，为建设更加美丽的家园而努力前行。

（四）地方水利用效率提升政策

在水利工程管理与水利经济发展的探究中，地方水利用效率提升政策的制定和实施具有重要意义。只有通过加强对水资源的管理和利用，提高水资源利用效率，才能保障水资源的可持续利用，推动水利经济的发展。地方水利用效率提升政策的出台，对于促进地方水利事业的发展和推动水利工程管理的现代化具有积极的意义。同时，地方水利用效率提升政策还可以有效引导地方水利企业和农村水利建设者遵守相关法规，加强水利工程的建设和维护，提高水资源管理的科学性和有效性。只有加强地方水利用效率提升政策的实施，才能更好地推动水利工程管理和水利经济的发展，为我国水利事业的繁荣和稳定奠定坚实基础。

地方水利用效率提升政策的实施，对于地方水资源的保护和可持续利用起到至关重要的作用。通过加强管理和利用水资源，地方水利工程能够更好地服务于当地经济和社会发展需求。同时，地方水利用效率提升政策的制定和执行，可以有效提高水资源利用效率，减少浪费，推动当地水利事业的发展壮大。

在实施过程中，地方水利用效率提升政策还能够激励地方水利企业和农村水利建设者积极履行社会责任，按照相关法规规定进行水利工程建设和维护，确保水资源管理的科学性和有效性。只有通过加强政策执行，才能更好地推动地方水利事业的现代化建设，提升水利工程管理水平。

通过地方水利用效率提升政策的实施，地方水利企业和农村水利建设者能够更好地利用现有资源，提高水资源利用效率，减少浪费现象的发生。随着技术的不断创新和政策的规范实施，地方水利事业将不断向前发展，为我国水利事业的蓬勃发展和繁荣作出积极贡献。

总的来说，地方水利用效率提升政策的实施对于地方水利事业的发展和水利工程管理的现代化具有重要意义。只有持续加强政策执行，才能更好地促进水利经济的发展，确保我国水利事业的长期繁荣和稳定。愿地方各级政府和水利单位共同努力，携手推动地方水利用效率提升政策的全面落实，为建设更加富裕、美丽的生态文明新福州贡献力量！

三、国际水利合作协定

（一）跨国边界水资源管理协议

政策法规在水利工程管理与水利经济发展中发挥着至关重要的作用，是保障水资源的有效利用和保护的基础。国家制定出台的各项法规和政策，对于水利工程的规划、建设和运营管理起着指导和规范作用。同时，国际水利合作协定也对水利工程管理和水利经济发展产生着重要的影响，促进了各国之间在水资源管理和利用方面的合作和信息共享。跨国边界水资源管理协议则在跨国边界水资源管理方面做出了明确定义和约束，为解决跨国边界水资源分配和利用问题提供了法律依据和保障。这些政策法规和协定的实施，对水利经济发展的健康、稳定和可持续发展起着重要的推动作用，为实现水资源的高效利用和保护提供了有力支持。

（二）跨境水资源争端解决机制

政策法规对水利工程管理和水利经济发展起着至关重要的作用。国家制定了相关政策法规，加强水利工程管理，推动水利经济发展。同时，国际上也存在着水利合作协定，通过国际间的合作，实现跨境水资源的共同管理和利用。在跨境水资源争端解决机制方面，各国双方可以通过协商谈判等方式解决存在的争端，确保各方的利益得到保障。这些机制的建立和运行，对于维护地区水资源安全、促进水利经济发展具有重要意义。愿同学们在研究水利工程管理和水利经济发展过程中，深入分析政策法规、国际合作和跨境资源争端解决机制的作用，为我国水利事业的进步与发展贡献自己的力量。

（三）国际水资源共享合作项目

国际水资源共享合作项目是各国之间在水资源管理方面进行合作和交流的一种方式。通过这种项目，不同国家可以共同研究解决水资源问题的方法，分享经验和技术，共同开发水资源，促进水资源的可持续利用和管理。同时，国际水资源共享合作项目也有助于促进各国之间的友好关系，增进相互了解与信任。

在国际水资源共享合作项目中，各国可以根据具体情况和需求，签订合作协议，共同开展水资源管理、保护和利用等方面的合作项目。通过共同努力，可以更好地解决跨国流域的水资源管理问题，减少水资源浪费和污染，提高水资源利用效率，促进水利经济的可持续发展。

同时，国际水资源共享合作项目还可以为各国提供更多的合作机会和平台，促进水资源信息的交流和共享，推动水资源监测和治理工作的开展。通过这种合作项目，各国可以共同面对水资源管理的挑战，推动水资源管理领域的发展，为全球水资源安全和可持续发展做出贡献。

第二节 技术创新

一、水利工程技术

（一）高效节水灌溉技术

水利工程管理与水利经济发展探究中，高效节水灌溉技术起着至关重要的作用。政策法规的制定和执行，国际水利合作协定的签订与执行，技术创新的推动，水利工程技术的不断提升，都为高效节水灌溉技术的发展提供了必要的支持和保障。高效节水灌溉技术的应用，对水资源的可持续利用和保护起着关键性的作用。

在当前全球水资源日益紧张的情况下，高效节水灌溉技术的重要性不言而喻。政府部门和相关机构应当加强对高效节水灌溉技术的推广和应用，同时加强对水资源的管理和保护工作。国际合作也是十分重要的，通过与国际合作伙伴的交流与合作，可以促进高效节水灌溉技术的创新与发展，实现水资源的可持续利用和保护。

技术创新是推动高效节水灌溉技术发展的动力之一。科研机构和企业应当加强技术研发与创新，不断提升高效节水灌溉技术的水平和效率。同时，应当加强与相关行业的合作与交流，共同推动高效节水灌溉技术的发展和应用。

高效节水灌溉技术的发展，将有效提高农业水资源利用效率，增加农业生产的可持续性和稳定性。通过推广和应用高效节水灌溉技术，可以实现农业水资源的有效利用，促进农业生产的健康发展，为水利经济发展作出积极贡献。

（二）水资源综合利用技术

在水利工程管理和水利经济发展中，水资源综合利用技术起着至关重要的作用。通过制定相关政策法规和加强国际水利合作协定，可以促进技术创新，提升水利工程技术水平。水资源综合利用技术的不断完善和发展，可以有效提高水资源的利用率，推动水利经济的健康发展，实现资源的可持续利用。在实际应用中，需要不断探索和推广适合不同地区的水资源综合利用技术，以满足不同地区的需求，推动水利工程管理与水利经济发展取得更大的成就。

（三）淡水资源保护技术

政策法规将是推动水利工程管理与水利经济发展的关键因素之一。国际水利合作协定则在促进不同国家间的合作与交流方面发挥着重要作用。技术创新是推动水利工程发展的动力，不断提升水利工程技术水平将对水利经济发展起到积极作用。同时，淡水资源保护技术的应用将有助于保护珍贵的淡水资源，促进水资源的有效利用。在水利工程管理与水利经济发展的探究中，这些因素相互作用，共同推动着水利经济的繁荣发展。

（四）河流整治与治理技术

在水利工程管理与水利经济发展方面，河流整治与治理技术起着至关重要的作用。相关政策法规的制定和执行，国际水利合作协定的签署和执行，以及技术创新和水利工程技术的发展，都对河流整治与治理技术的应用和推广产生了积极影响。河流整治与治理技术的不断提升，为水利工程管理和水利经济发展提供了重要支持和保障。在当前的发展形势下，我们需要不断完善河流整治与治理技术，以更好地应对日益严峻的水资源管理和利用挑战。

（五）湖泊水域生态修复技术

政策法规是引导水利经济发展的重要法律依据，国际水利合作协定则促进了不同国家间的合作与交流。技术创新和水利工程技术的发展是推动水利经济发展的重要保障，尤其是湖泊水域生态修复技术对水资源的保护和可持续利用具有重要意义。

二、智慧水利管理系统

（一）水资源监测预警系统

水资源监测预警系统在水利工程管理和水利经济发展中起着重要作用。政策法规的制定和执行对水资源的合理利用和保护起到关键性作用。国际水利合作协定促进不同国家间的共同合作和经验交流，推动全球水资源的可持续发展。技术创新在水利工程管理中起着决定性作用，促进水资源的有效利用和管理。智慧水利管理系统的运用将提高水利工程的效率和安全性，促进水利经济的发展。水资源监测预警系统的建设与完善对水利工程管理和水利经济发展至关重要。

（二）智能灌溉系统

水利工程管理与水利经济发展探究中，智能灌溉系统扮演着至关重要的角色。政策法规的规定为智能灌溉系统的落地提供了法律保障，国际水利合作协定为智能灌溉系统的引进提供了合作机会。技术创新推动着智能灌溉系统的不断发展，智慧水利管理系统为智能灌溉系统提供了先进的管理和控制手段。

智能灌溉系统的实施不仅提高了水资源利用效率，降低了灌溉成本，同时也减少了水资源浪费和环境污染。通过智能灌溉系统，农民可以及时获取土壤湿度、作物需水量等信息，有针对性地进行灌溉，提高作物产量和质量。智能灌溉系统的运用还可以有效防止因为不合理灌溉导致的土壤盐碱化和土壤结构破坏等问题，为农业可持续发展提供了有力支撑。

在建设智能灌溉系统过程中，需要政府、企业和学术界的合作和支持。政府部门需要出台更多的激励政策，吸引更多企业投身智能灌溉系统的研发和应用。同时，企业要加大技术研发投入，提升智能灌溉系统的可靠性和智能化水平。学术界则要加强理论研究，为智能灌溉系统的发展提供更多的理论支撑和技术指导。

智能灌溉系统的推广应用，不仅有助于提高水资源利用效率，实现农业可持续发展，同时也促进了水利工程管理和水利经济发展的协调与发展。相信通过各方的共同努力，智能灌溉系统必将在水利工程管理与水利经济发展中发挥更加重要的作用。

（三）水质监测与净化系统

水质监测与净化系统是现代水利工程管理中不可或缺的重要组成部分。通过建立系统的水质监测网络和高效的净化系统，可以实现对水质的实时监测和控制，确保水资源的可持续利用。同时，净化系统的运行可有效去除水中的污染物，提高水质，保障人类健康。在我国的水利工程管理中，水质监测与净化系统的建设和运行已经取得了显著的成效，为水利经济发展提供了有力支持。

水质监测与净化系统的建设依托于技术创新，利用先进的监测设备和净化技术，实现对水质的精准监测和高效净化。政策法规的支持和国际水利合作协定的参与也为水质监测与净化系统的发展提供了重要保障。智慧水利管理系统的应用使监测数据的处理更加智能化，为水质监测与净化系统的运行提供了更为精准和高效的支持。

在未来的发展中，我们需要进一步加强水质监测与净化系统的建设和运行，不断提升监测精度和净化效率，以适应水利经济发展的需要。同时，加强国际合作，借鉴先进经验，推动水质监测与净化技术的创新与发展，为我国水利工程管理的可持续发展贡献力量。愿我们共同努力，为水利经济发展探索出一条新的道路。

三、水利工程建设技术

（一）大型水利工程施工技术

在实施大型水利工程时，施工技术是至关重要的。通过不断创新和改进技术，可以提高工程的施工效率和质量。同时，合理的施工技术可以有效地减少工程施工周期，降低施工成本，确保工程的安全性和可靠性。因此，在大型水利工程的施工过程中，必须采用先进的技术手段和方法，以确保工程的顺利进行和顺利完成。

水利工程建设技术是保障水利工程建设顺利进行的基础。只有具备先进的技术手段和方法，才能确保水利工程建设的高效率和高质量。在水利工程建设过程中，需要不断推进技术创新，引进先进的施工技术和设备，以提高施工效率，降低施工成本，确保工程的安全性和可靠性。

技术创新是推动水利工程管理和水利经济发展的重要驱动力。通过不断创新和改进技术，可以提高水利工程的设计和施工水平，推动水利工程建设的科学化和现代化。同时，技术创新也可以促进水利经济的发展，提高水资源的利用效率，促进水利工程管理的现代化转型。

国际水利合作协定是加强国际间水资源合作和交流的重要途径。通过签订水利合作协定，各国可以加强对水资源的管理和开发，共同应对全球水资源的挑战，促进水资源的可持续利用。同时，国际水利合作协定也可以促进国际间水利工程的互相借鉴和学习，推动全球水利工程管理水平的不断提高。

（二）水力发电工程建设技术

在水利工程管理与水利经济发展探究的研究中，水力发电工程建设技术是一个至关重要的因素。制定合理的政策法规是保障水力发电工程建设的前提，而国际水利合作协定的签订也能为水力发电工程提供更广阔的合作空间。技术创新是推动水力发电工程建设不断进步的动力，不断改进的水利工程建设技术将为水力发电工程的发展提供更为稳定的技术支持。水力发电工程建设技术的提升将为水利经济发展注入新的活力，为国家水资源的合理利用和经济建设提供强有力的支持。

（三）河湖水域治理技术

政策法规在水利工程管理和水利经济发展中起着重要作用。国际水利合作协定促进了不同国家之间的合作和交流，为水利工程发展提供了更多的机会。技术创新是水利工程管理的重要组成部分，通过不断地更新和改进技术，可以提高水利工程的效率和质量。水利工程建设技术是实现水利经济发展的基础，只有运用先进的技术才能建设出更加高效和可持续的水利工程。河湖水域治理技术的意义在于维护水体的生态平衡，保护河湖水域资源，为水利经济发展提供良好的环境保障。

第三节 经济发展状况

一、水利投资

（一）政府水利投资

政府水利投资对于水利工程管理与水利经济发展具有重要意义。政府在制定政策法规、参与国际水利合作协定、推动技术创新、支持水利工程建设技术的同时，也直接影响着经济发展状况。通过大规模的水利投资，政府可以有效改善水资源利用效率，提升水资源保护和管理水平，推动水利基础设施建设，促进国民经济的可持续发展。

政府水利投资不仅能够带动相关产业的发展，创造就业机会，促进当地经济的繁荣，还可以加强水资源管理与保护，提高水资源利用效率，改善水资源供需结构，实现可持续发展。在经济全球化的今天，政府水利投资还可以促进技术和经验的交流，增强国际水利合作协定的执行力，不断提高我国在国际水利领域的影响力和竞争力，助力水利经济发展。

政府水利投资在水利工程管理与水利经济发展中扮演着重要角色，需要不断加大投入力度，完善政策法规，加强国际合作，推动技术创新，提升水利工程建设技术水平，与国民经济发展相互促进，共同推动我国水利事业的可持续发展。

（二）企业自主投资

水利工程管理与水利经济发展探究中，企业自主投资是影响水利经济发展的重要因素之一。企业在水利工程建设中的投资行为不仅仅是一种经济活动，更是对水利工程建设技术和水利工程管理的认可和支持。企业自主投资对水利工程管理的规范和提升具有积极的促进作用，能够有效推动水利工程建设向科学化、规范化和可持续发展的方向发展。

企业自主投资也是水利工程建设技术创新的重要推动力量。企业在水利工程建设中的投资，不仅可以激发技术创新的活力，促进科技成果的转化和应用，还可以提高水利工程建设技术的水平和质量，推动水利工程管理的现代化转型。企业自主投资的不断增加，将为水利工程建设技术的不断创新和提升提供持续的动力和支撑。

企业自主投资也对水利经济发展状况起到显著的促进作用。随着企业对水利工程的投资不断增加，水利工程建设的规模和质量也将得到有效提升，为水利经济的持续发展提供了有力支撑。企业的自主投资将推动水利工程的规划、设计、施工、运营和维护等各个环节的优化和提升，为水利经济的健康发展奠定坚实的基础。

在国际水利合作协定的框架下，企业自主投资将更好地融入到全球水利经济发展的大局之中，为推动国际水利合作和交流做出积极贡献。企业自主投资的积极作用将进一步强化国际水利合作的深度和广度，促进水利工程管理与水利经济发展的全面提升。企业自主投资将成为水利工程管理与水利经济发展的新动力和新引擎，为实现水利工程建设的高质量发展和水利经济的健康发展注入强劲动力。

（三）社会资本引导投资

水利工程管理与水利经济发展探究，社会资本引导投资起着至关重要的作用。随着我国水利事业的迅速发展和经济的快速增长，社会资本引导投资已成为推动水利工程建设的重要手段。政府在引导社会资本参与水利投资方面出台了一系列政策法规，为社会资本提供了更多的投资机会和保障。同时，国际水利合作协定的签订也为我国水利工程建设带来了更多的技术支持和合作机会，促进了技术创新和水利工程建设技术的提升。在经济发展状况下，水利投资不断增加，为水利经济发展提供了有力的支撑。

社会资本引导投资不仅可以促进水利工程的建设和发展，还可以带动相关产业的发展，推动经济的增长。通过引导社会资本参与水利投资，可以有效提高水利工程建设的效率和质量，实现水资源的合理利用和节约。同时，社会资本的参与也可以促进资源的集中配置和优化利用，推动水利经济的快速发展。

总的来看，社会资本引导投资是推动水利工程管理和水利经济发展的重要手段之一。随着政策法规、国际合作协定和技术创新的不断推进，水利工程建设技术和经济发展状况将得到更大的提升和改善。水利投资将持续增加，社会资本的参与将不断加强，为我国水利事业的发展注入持续动力。愿我国水利工程管理与水利经济发展探究取得更大的进步和成就。

（四）外资引进投资

外资引进投资对于水利工程管理和水利经济发展具有重要意义。政策法规的支持和国际水利合作协定的签订，为吸引外资创造了有利条件。技术创新是水利工程建设的核心，外资引进投资可以带来先进的技术和管理经验，推动技术创新和提高水利工程建设技术水平。我国经济发展状况日益增长，水利工程建设需求也在不断增加，外资引进投资为满足这一需求提供了重要支持。水利投资是水利工程管理和水利经济发展的关键，外资引进投资的加入可以有效提高水利投资规模和水利建设质量，促进水利工程管理的发展。外资引进投资的参与，不仅可以增加水利建设的融资来源，还可以促进水利工程管理制度的不断完善，推动水利经济的持续发展。

（五）公私合作模式投资

水利工程管理与水利经济发展探究中，公私合作模式投资是关键因素之一。政府政策法规的支持为公私合作提供了法律保障，促进了水利工程的建设和发展。同时，国际水利合作协定的签署为公私合作提供了更多的合作机会和资源支持，推动了水利工程管理的国际化进程。技术创新在公私合作模式中扮演着重要角色，为水利工程建设技术的不断升级提供了技术支持，促进了水利工程的可持续发展。

随着经济发展的不断提升，水利投资逐渐增加，为公私合作提供了更多的发展空间和合作机会。水利工程的建设和管理水平不断提高，为经济发展状况的改善提供了有力支撑。公私合作模式投资的不断推进，为水利工程管理和水利经济发展注入了新的活力和动力，促进了水利工程管理水平和经济效益的提升。

总的来看，公私合作模式投资对水利工程管理和水利经济发展的影响是全面的、深远的。政策法规、国际水利合作协定、技术创新、水利工程建设技术、经济发展状况、水利投资等因素的相互作用和促进，共同推动了水利工程管理与水利经济发展的良性循环，为社会经济的可持续发展做出了积极贡献。

二、水利产业发展

（一）水利设备制造业

水利设备制造业在水利工程管理与水利经济发展中起着重要作用。政策法规的制定对水利设备制造业的发展起到指导作用。与国际水利合作协定相结合，推动技术创新，不断提高水利工程建设技术水平，为经济发展状况提供有力支持。同时，水利产业发展也需要依赖水利设备制造业的发展，推动整个产业链的持续增长。水利设备制造业的进步，不仅能够满足国内需求，也能够出口到国际市场，提升我国在全球水利领域的地位。

（二）水资源开发利用业

水资源开发利用业作为水利工程管理的重要领域，涉及到水资源的开发、利用和管理，对社会经济发展具有重要意义。该行业的业务范围涵盖水资源调查、勘测、设计、施工、运营等多个环节，涉及到水利工程、水资源利用等领域。在水资源短缺的情况下，水资源开发利用业的发展对于保障人民生活用水、促进农业灌溉、支持工业生产等方面起着至关重要的作用。

目前，水资源开发利用业正处于快速发展阶段。随着国家经济不断增长和城市化进程加快，对于水资源的需求也越来越大。因此，水利工程建设技术得到了极大的提升，涉及到水资源调度、灌溉设施建设、防洪工程等方面。同时，随着科技的不断进步，新型的水利工程技术也在不断涌现，大大提高了水资源的综合利用效率。

然而，水资源开发利用业的发展也面临着许多挑战和问题。随着气候变化和人口增长，水资源供需矛盾日益尖锐，水资源的开发利用亟待合理规划和管理。生态环境保护的重要性日益凸显，水资源开发利用业在发展中也需要注重生态环境的保护，避免造成环境破坏。地方政府的支持和政策扶持也是水资源开发利用业发展的关键因素，需要加强政策引导和支持力度。

水资源开发利用业在水利经济发展中扮演着重要角色，但同时也面临着多方面的挑战和问题。只有通过全面分析和有效管理，才能更好地推动水资源开发利用业的健康发展，为国家经济发展和社会进步作出更大的贡献。

（三）水务服务业

水务服务业是水利经济发展的重要组成部分，其特点主要体现在服务对象广泛、服务内容丰富、服务模式多样等方面。水务服务业的服务对象包括政府部门、企业单位、农村居民和城市居民等各个社会群体。对于政府部门而言，水务服务业主要提供水利规划、水资源管理、水环境保护等方面的服务；对于企业单位来说，水务服务业则提供工业用水管理、废水处理、水资源开发等服务；而对于农村居民和城市居民而言，水务服务业提供的服务则包括供水、排水、灌溉、污水处理等。

水务服务业的服务内容涵盖了水资源管理、水环境保护、水利设施建设、水务运营管理等多个领域。在水资源管理方面，水务服务业通过合理规划和有效管理，保障和优化水资源的利用；在水环境保护方面，水务服务业致力于净化水体、防止水体污染，维护水体生态系统的健康；在水利设施建设方面，水务服务业通过修建水库、堤坝、渠道等设施，改善水资源利用状况；在水务运营管理方面，水务服务业协调各类水利工程的运行，保障水的供应和排放质量。

在服务模式方面，水务服务业的发展呈现多样化的趋势。传统的水务服务模式主要由政府主导，如政府投资兴建水利工程，政府负责水资源管理等。然而，随着市场经济的发展，公私合作、市场化运营等新型服务模式逐渐兴起，吸引了更多的社会力量和资金投入，推动了水务服务业的发展。

总的来说，水务服务业在水利经济发展中扮演着至关重要的角色，其广泛的服务对象、丰富的服务内容和多样化的服务模式为水利工程管理和水利经济发展提供了有力支持。随着社会经济的不断发展，水务服务业也将不断创新和完善，进一步推动水利经济的繁荣与可持续发展。

三、地方水利经济贡献

（一）水利工程建设对当地经济影响

水利工程建设对当地经济的影响是多方面的。在水利工程建设过程中，需要大量的投资，这些投资在一定程度上可以促进当地经济的发展。投入水利工程建设不仅仅是建设工程本身，还涉及到相关设备、材料的采购，以及施工队伍的雇佣，这些都可以带动当地相关产业的发展，为当地经济增加新的活力。

水利工程建设需要大量的劳动力参与，这为当地提供了就业机会。大规模的水利工程建设需要不同类型的人才，包括工程师、技术人员、施工工人等，他们的就业可以缓解当地的就业压力，提高居民的生活水平。同时，水利工程建设完成之后，还需要一定数量的工作人员进行维护和管理，这也为当地创造了一定数量的岗位。

水利工程建设完成后，会带来更多的经济效益。建设完工的水利工程可以提高农田灌溉效率，增加耕地的产出，提高农产品的质量和产量，从而带动当地农业经济的发展。同时，水利工程还可以改善交通条件，促进当地的交通运输业发展，提高区域间的联系和交流。水利工程的建设不仅带来了直接的经济收益，同时也为当地经济提供了更为广阔的发展空间。

水利工程建设对当地经济的影响是多方面的。通过投资、就业和产值等方面的影响，水利工程建设可以为当地经济带来持续的发展动力，推动当地经济的快速增长。因此，加大对水利工程建设的投入，积极促进水利经济发展，对于当地经济的健康发展具有重要意义。

（二）水资源管理对地方生产生活的支撑

水资源管理对地方生产生活的支撑是至关重要的。水是生命之源，是支撑所有生产活动的基础资源。在地方经济发展中，水资源的充足与否直接影响着农业、工业、生活等各个领域的发展。有效的水资源管理可以保障农作物的灌溉需求，促进农业生产的增长；可以为工业生产提供稳定的供水保障，推动工业发展；也可以满足人民生活的用水需求，提高居民生活质量。

然而，当前水资源管理面临着诸多问题，例如水资源过度开发、浪费、污染等现象普遍存在。随着社会经济的不断发展，地方水资源供需矛盾日益突出。因此，加强水资源管理，提高水资源利用效率，保护水质，已经成为当务之急。只有通过科学合理地规划水资源利用，才能更好地支撑地方生产生活，促进经济持续健康发展。

水资源管理还与生态环境保护密切相关。在推动地方经济发展的同时，必须注重生态环境的保护，避免过度开发和污染造成的生态破坏。只有实现经济发展与环境保护的良性循环，才能确保水资源长期可持续利用，为地方经济注入源源不断的动力。

水资源管理对地方生产生活的支持至关重要，而解决当前面临的问题和挑战，需要政府部门、企业和公众的积极参与和共同努力。只有以科学的管理理念和切实可行的措施来提升水资源管理水平，才能更好地支撑地方经济的发展，实现经济、生态和社会的协调发展。

（三）水利灾害防治对当地安全发展的保障

水利灾害是当前水利工程管理中需要重点关注的问题，对当地安全发展构成了一定的威胁。水利灾害的发生对当地的经济发展造成了严重的影响。洪水、干旱、山洪等自然灾害频繁发生，不仅给农业生产、基础设施建设等方面带来损失，还可能造成人员伤亡和财产损失。水利灾害对当地社会稳定和居民生活也会产生较大的影响，给当地安全和稳定造成一定的威胁。

水利灾害的防治工作需要加强应急预案的制定和实施。应对水利灾害不能仅仅依靠抢险救灾，更要注重预防和预警机制的建立。针对不同类型的水利灾害，应制定科学合理的防范措施和应急预案，提高应对突发事件的能力和效率。只有做好充分的准备和规划，才能有效地减轻水利灾害对当地安全发展的危害。

水利灾害的发生也反映了水利工程管理中存在的一些问题。可能是工程设计不合理、建设质量不过关，也可能是管理监督不到位、应急预案不完善等原因。因此，应该加强水利工程管理，提高水利工程的抗灾能力和安全性，确保水利设施的稳定运行和有效利用，为当地安全发展提供可靠的保障。

总的来说，水利灾害防治是水利工程管理中的一个重要环节，对当地安全发展起着至关重要的作用。只有加强问题的分析和认识，不断完善水利灾害防治工作，才能有效保障当地的安全发展，推动水利经济的健康发展和可持续发展。

四、水利项目效益评价

（一）水资源开发利用效益评价

水资源是人类社会发展的重要基础，水利工程的管理对水利经济发展起着至关重要的作用。一方面，水利工程的建设可以提高水资源的开发利用效率，增加农田灌溉面积，改善人民生活用水条件，促进农业生产和工业发展。另一方面，水利工程的管理对水资源的保护和合理利用也至关重要，可以降低水资源的浪费情况，保护生态环境，维护水资源的可持续利用。

在评价水利项目的经济效益时，需要考虑到项目建设和运营所带来的直接和间接经济收益。直接经济效益包括水资源的增加利用、减少灾害损失和提高生产效率等方面，而间接经济效益则可能涉及到带动周边产业的发展、改善居民生活水平、增加就业机会等。基于这些方面的考虑，可以更加全面地评价水利项目的经济效益。

对水资源开发利用的效益评价也需要考虑社会效益方面的影响。水资源的开发利用可以改善人民生活水平，解决用水困难问题，同时也可以提高农业、工业和生活用水的供给能力，促进社会经济的发展。然而，也需要注意到水资源开发利用可能会带来的负面效应，如环境污染、生态破坏等问题，对这些问题的解决将对社会效益产生重要影响。

总的来说，水利工程的管理与水利经济发展密不可分。通过对水资源开发利用效益的全面评价，可以更好地引导和优化水利工程的建设和管理，提高水资源的利用效率，促进经济可持续发展。同时也需要注重保护水资源和生态环境，避免一味追求经济效益而忽视了水资源的可持续发展和生态环境的保护。

（二）水利工程建设效益评价

在水利工程建设效益评价中，投入产出比是一个重要的指标。通常情况下，水利工程建设需要投入大量人力、物力和财力资源，因此需要确保建设后的效益能够达到预期的目标。投入产出比是评价项目效益的一种方式，它能够反映出工程建设所投入的成本与产出的效益之间的比例关系。

除了投入产出比之外，还需要考虑水利工程建设对生态环境的影响与改善。许多水利工程项目在建设过程中会对周边的生态环境造成一定程度的破坏，如水域生态系统的破坏、湿地的消失等。因此，在评价水利工程效益时，需要对其对生态环境的影响进行评估，以确保环境保护和经济发展的协调发展。

水利工程的效益还需要考虑到对当地社会经济发展的影响。一些水利工程项目的建设能够提供就业机会，带动当地产业发展，促进经济增长。然而，也有一些项目在建设和运营过程中可能会导致土地沙化、水资源争夺等问题，对当地经济发展带来负面影响。

总的来说，水利工程建设对水利经济发展起着至关重要的作用。需要综合考虑投入产出比、生态效益、社会经济影响等多个方面的因素，全面评价水利工程的效益，以指导未来的工程建设和经济发展。只有在综合考虑各方面因素的基础上，才能更好地实现水利工程管理与水利经济发展的目标。

（三）水利经济发展成果绩效评价

水利经济发展的成果绩效评价是评估水利工程管理对当地经济、社会等方面的贡献程度的重要指标。在经济发展方面，水利工程建设的投入往往能够带动相关产业的发展，促进当地经济的增长和就业机会的增加。水利工程的建设不仅可以提高农业生产效率，增加粮食产量，还可以改善交通运输条件，促进城市化进程，推动产业结构升级与转型。

在社会方面，水利经济发展的成果还表现在改善农村居民的生活水平、提升基础设施建设水平等方面。例如，水利工程建设改善了农村居民的用水条件，提高了农业生产的效率和质量，使农民们获益良多。水利工程的建设还可以减少水灾风险，增加公共安全，提升当地居民的生活质量。

然而，在水利经济发展的过程中也会存在一些问题和挑战。一些水利工程项目可能存在过度投入、效益不明显、维护成本高等问题，导致资源浪费和效益不明显的情况。同时，由于一些地区的水资源分布不均匀，水利工程建设需要面临着分配不公平、环境保护问题等挑战。

总的来说，水利经济发展的成果绩效评价是一个复杂而多方面的过程，需要综合考虑当地经济、社会、环境等方面的情况。只有加强对水利工程管理的监督和评估，不断优化水利工程建设的政策和措施，才能更好地发挥水利工程的作用，促进经济持续健康发展。

第五章 水利工程管理与水利经济发展的关联

第一节 水利工程管理的重要性

一、水利工程管理的定义

（一）管理的概念

水利工程管理是指对水利工程项目进行组织、协调、监督和评估的一系列行为。它涉及到各种资源的合理配置，人力、物力、财力的有效管理以及风险的预防和控制。水利工程管理的重要性不言而喻。水利工程是一项长期、持续性强的工程项目，管理的有效性直接关系到工程的实施效果和运营维护。水是生命之源，水资源的有效利用和保护与人类社会的可持续发展密切相关。通过科学合理的管理，可以更好地保障和优化水资源的利用，为经济发展和社会进步提供坚实的支撑。

管理的概念是指通过规划、组织、领导和控制等一系列活动，使组织资源有效地实现既定目标。在水利工程中，管理主要包括项目管理、资金管理、人力资源管理、风险管理等方面。项目管理是指通过合理的进度计划和预算控制，确保工程按时按质完成。资金管理是指对工程资金的统筹安排和合理利用，避免浪费和滞留。人力资源管理是指对工程人员的配备、培训和激励，确保人员能够充分发挥作用。风险管理是指对工程进度、质量、安全等方面可能出现的风险进行预测和应对，保障工程的顺利进行。

水利工程管理是确保水利工程项目高质量、高效率、低成本实施的重要手段。只有加强管理，才能更好地推动水利工程的发展，更好地满足社会对水资源的需求，推动水利经济的快速发展。因此，我们应该充分认识到水利工程管理的重要性，加强对管理知识和技能的学习，提升管理水平，为水利经济的持续发展做出积极贡献。

（二）管理的目标

水利工程管理的目标是通过科学合理的规划、设计、建设和运营管理，实现水资源的有效利用、防洪减灾和生态环境保护，同时促进经济社会可持续发展。水利工程管理的目标是为了最大限度地提高水资源利用效率，保障水资源的可持续利用，改善人民生活水平，促进地区经济的发展。

水利工程管理的核心是要将水资源管理与经济发展相结合，实现资源的合理配置和优化利用。管理实践的价值在于提高水资源的综合利用率，降低水资源的浪费程度，保护生态环境，实现经济社会的可持续发展。水利工程管理还能够提高灾害防治的能力，降低灾害带来的损失，保障人民生命财产安全，增强抗灾能力，提高社会稳定性。

水利工程管理还可以促进地方经济的发展。通过合理规划和管理水利工程，可以提高农田灌溉率，增加农产品产量，改善农民生活质量，促进农业现代化建设。同时，水利工程管理还可以为工业生产提供必要的水资源保障，推动工业化进程，提高工业生产效率，促进工业经济的快速发展。

水利工程管理的目标是实现水资源的高效利用、防洪减灾和生态环境保护，同时促进经济社会的可持续发展。水利工程管理是一项重要的战略性任务，对促进区域经济发展和社会繁荣具有重要意义。只有加强水利工程管理，才能更好地保障水资源安全，促进经济社会的持续发展。

（三）管理的内容

水利工程管理是指对水利工程建设、运行、维护和保护等过程进行计划、组织、指挥、协调、控制和评估的一系列管理活动。水利工程管理的范围涵盖了从水利工程规划、设计、施工、监理、运行维护到环境保护等各个环节。而水利工程管理的方法主要包括科学决策、合理调度、现代信息技术应用等多种手段，以确保水利工程的高效运行和可持续发展。

水利工程管理的具体工作流程包括以下几个环节：首先是项目立项阶段，需要进行规划编制、方案设计和初步评估工作；然后是项目实施阶段，包括施工监理、验收和移交等工作；接着是项目运行阶段，进行设备维护、水资源管理和水质监测等工作；最后是项目评估和优化阶段，对水利工程的运行效果进行评估，提出改进建议，并持续优化管理工作。

水利工程管理的内容丰富多样，包括了对水资源的调度和保护、对水利工程设施的检修和维护、对水质的监测和管理，以及对环境的保护和生态恢复等方面。通过科学的管理方法和系统的管理流程，可以提高水利工程的效益，延长设施的使用寿命，保障水资源的可持续利用，促进水利经济的发展。

水利工程管理是水利工程建设和运行中不可或缺的环节，对于保障水资源安全、提高水资源利用效率、促进经济社会可持续发展具有重要意义。我们需要深入研究水利工程管理的具体内容，并结合实际情况，不断完善管理制度和方法，为水利经济的发展贡献力量。

（四）管理的原则

水利工程管理是指对水利工程项目进行规划、组织、指导、协调和控制的过程，旨在保障水资源的有效利用和水利工程的可持续发展。在实践中，水利工程管理的重要性不言而喻，它直接影响着国家的经济发展、社会稳定和人民生活水平。水利工程管理的目标是实现水资源的综合利用和水利工程的有效运行，为水利经济的发展创造良好的条件。

在水利工程管理中，有一些基本的原则和准则是必须遵循的。首先是科学合理性原则，即在规划、设计和实施水利工程项目时，必须充分考虑水资源的量、质、时空分布等特点，确保项目的科学合理性。其次是经济效益原则，即在水利工程管理中要以经济效益为导向，合理配置资源，实现成本最小化和效益最大化。此外还有生态环境原则，即在水利工程管理中要注重生态环境的保护和修复，实现生态经济和可持续发展。

在水利工程管理实践中还需要遵循一些基本的道德规范，如诚实守信、公正公平、尊重人权等。诚实守信是水利工程管理者应该具备的基本品质，只有真诚地对待每一个决策和行为，才能赢得他人的信任和尊重。公正公平是水利工程管理实践的基本准则，必须严格按照规定程序和标准来处理事务，确保各方的利益得到公平对待。

总的来说，水利工程管理是一项复杂而重要的工作，需要管理者不断积累经验、丰富知识、提高能力，才能有效地推动水利经济的发展和社会的进步。希望通过本文的介绍，读者能够更深入地了解水利工程管理的原则和准则，为推动水利事业健康发展贡献力量。

二、水利工程管理的作用

（一）提高水资源利用效率

水资源是人类赖以生存和发展的重要资源之一，然而随着经济的快速发展和人口的增长，水资源的供需矛盾日益突出，水资源利用效率不高，造成了种种问题。因此，加强水利工程管理，提高水资源利用效率，对于推动水利经济的发展至关重要。

为提高水资源利用效率，我们可以通过多种手段来进行改进。可以采用先进的水利工程技术，如建设高效灌溉系统、开展水土保持工程、推广节水灌溉技术等，以减少水资源的浪费。要加强水资源管理，建立健全的水资源管理制度和政策，确保水资源的合理分配和利用。同时，还需要加强对水资源的监测和评估，及时发现问题，推动解决水资源的过度开采、污染等难点问题。

在管理方面，要注重提高水利工程的运营和维护水平，确保水利设施的有效运行，减少损耗和破坏。同时，应加强对水资源的全面规划和调度，合理安排水资源的利用，以保障水资源的可持续利用和发展。要加强水资源管理的信息化建设，充分利用大数据等技术手段，提高水资源管理的效率和水平。

在政策支持方面，政府应出台相关的扶持政策，鼓励企业和个人开展节水行动，推动全社会节约用水的意识和行动。同时，要建立健全水资源市场机制，完善水资源价格形成机制，以激励企业和个人节约用水，推动水资源的优化配置。

提高水资源利用效率是水利工程管理与水利经济发展密不可分的关键环节。未来，我们应积极采取措施，加强水资源管理与利用，推动水利经济的可持续发展。

（二）保护生态环境

水利工程管理在保护生态环境中扮演着至关重要的角色。随着城市化和工业化的迅速发展，水资源的需求日益增长，而生态环境却受到了严重威胁。因此，进行有效的水利工程管理，对于维护生态平衡和保护生态环境至关重要。

水利工程管理可以有效地规划和管理水资源的利用。通过科学的水资源调配和合理的水资源利用计划，可以有效地减少水资源的浪费和过度开发，从而保护水资源的可持续利用，保障生态系统的稳定。

水利工程管理可以有效地防止水灾和干旱等自然灾害的发生。在水资源丰富的地区，水利工程管理可以通过建设防洪堤坝、排涝工程等设施，有效地减少洪涝灾害对生态环境的破坏；在干旱地区，水利工程管理可以通过引水灌溉、建设水库等措施，解决干旱对生态系统的影响。

水利工程管理还可以促进生态环境的恢复和改善。通过开展水资源的保护和治理工作，可以有效地净化水体，改善水质，促进水生态系统的恢复和改善，推动生态环境的康复。

水利工程管理在保护生态环境、维护生态平衡方面具有重要意义。我们应当加强对水利工程管理的重视，注重科学规划和管理水资源的利用，加强水灾和干旱等自然灾害的预防，积极推动生态环境的恢复和改善，为实现可持续发展、建设美丽中国做出更大的贡献。在这个过程中，每个人都应该发挥自己的作用，为水利工程管理和生态环境保护贡献自己的力量。【完】

（三）促进经济发展

水利工程管理在促进经济发展方面发挥着重要的作用。通过科学合理地规划和管理水利工程项目，可以有效节约资源，提高水资源的利用率，避免水资源的浪费。水利工程管理的有效实施，能够保障农田灌溉、城市供水和工业用水的需要，促进农业生产、城市建设和工业发展的顺利进行。同时，水利工程管理还能够改善水资源的生态环境，提高生态系统的稳定性和可持续性，为经济社会的可持续发展奠定坚实的基础。

提高水资源的利用效率，实现水资源的多功能利用。水利工程管理的重要任务之一是提高水资源的利用效率，实现水资源的多功能利用。通过科学合理地规划和管理水利工程项目，可以将水资源分配和利用更加有效地进行组织和管理，实现水资源的多功能利用，为经济社会的发展提供更多的水资源保障。水利工程管理促使了水资源的合理配置，有效提高了水资源的利用效率，确保了各行业对水资源的需求得到满足，为我国经济的持续发展提供了有力支持。

优化资源配置，推动经济结构升级。水利工程管理能够优化资源配置，推动经济结构的升级和转型。通过科学合理地规划和管理水利工程项目，可以有效保护和利用水资源，推动水资源的高效利用。水利工程管理通过优化资源配置，促进了经济结构的升级和转型，推动了经济向着更加绿色、可持续的方向发展。水利工程管理的重要作用在于提高资源的利用效率，保护环境，促进经济发展，推动经济结构的升级和转型。

（四）有效规划水资源利用

有效规划水资源利用对于水利工程管理和水利经济发展具有至关重要的作用。同时，水利工程管理的角色也在实践中逐渐得到认可和重视。水利工程管理的重要性不言而喻，它直接关系到水资源的合理利用和全面开发，对于提高水资源利用效率，保障水资源安全具有重要的现实意义。在以往的实践中，水资源的开发和利用往往出现了不合理的现象，导致了水资源的浪费和过度开发，给水资源安全带来了极大的挑战。因此，有效规划水资源利用显得尤为重要。通过科学的规划和管理，可以在一定程度上减少水资源的浪费，提高水资源的利用效率，保障水资源的可持续利用。

水利工程管理在推动水利经济发展方面也发挥着不可替代的作用。水是生命之源，是社会发展和经济增长的基石。有效规划水资源利用，可以为水利工程的建设提供决策支持，合理分配水资源，推动水利设施的建设和维护，从而促进水利工程的发展。水利工程管理的作用不仅在于提高水资源利用率，更在于推动水经济的发展，实现水资源的可持续利用和经济效益最大化。

在当前社会背景下，人们对水资源的需求越来越大，水资源的利用效率和水资源保障问题亟待解决。有效规划水资源利用不仅仅是一项技术问题，更是一项系统工程，需要政府、企业以及个人的共同努力。只有通过科学的规划和管理，才能实现水利工程管理和水利经济发展的良性循环。我们有理由相信，在不久的将来，通过有效规划水资源利用，必将推动水利经济的长足发展，实现经济与环境的双赢。

（五）预防自然灾害

预防自然灾害在水利工程管理中扮演着至关重要的角色。通过科学合理的水利工程规划和管理实践，可以有效预防和减少自然灾害给人们生活和财产带来的损失。水利工程管理不仅可以维护水资源的平衡和稳定，还可以提高水资源的利用效率，避免水资源过度利用或浪费引发的自然灾害。通过有效的水利工程管理措施，可以减少洪涝、干旱、水土流失等自然灾害的发生频率和程度，保障人们的生命财产安全。因此，加强水利工程管理，预防自然灾害，是当前水利经济发展中的重要任务之一。

三、水利工程管理的挑战

（一）技术更新换代

技术更新换代是水利工程管理中不可忽视的重要环节。随着科技的不断发展，旧的技术和设备逐渐被淘汰，新的技术和设备不断涌现，水利工程管理也面临着前所未有的挑战。在这个快速变化的时代，水利工程管理者必须不断更新自己的知识和技能，以适应新技术的发展。只有不断学习和实践，才能保持水利工程管理的领先地位，为水利经济发展做出更大的贡献。

面对技术更新换代带来的挑战，水利工程管理者需要具备更高的综合素质和能力。他们需要不断提高自己的综合素质，包括技术水平、管理能力、创新意识等方面。只有具备这些素质，才能更好地应对技术更新换代带来的挑战，推动水利工程管理不断向前发展。

技术更新换代并不是一蹴而就的过程，而是一个渐进的过程。水利工程管理者需要通过持续不断的努力和实践，逐步提升自己的技术水平和管理能力，以应对不断变化的环境。只有不断更新和改进，才能保持水利工程管理的活力和竞争力，为水利经济发展做出更大的贡献。

面对技术更新换代所带来的挑战，水利工程管理者必须持续不断地充实自己的知识储备，不断更新自己的技能和经验。他们需要积极融入到新技术的应用中，不断追求创新，勇于尝试新的管理模式和方法。只有通过持续学习和实践，管理者才能不断提升自己的竞争力，保持在行业内的领先地位。

在技术更新换代的潮流下，水利工程管理者需要具备高度的适应能力和应变能力。他们必须能够及时把握行业发展的方向，主动拥抱变化，不断调整自己的战略规划和管理理念。只有在不断改进和优化中，管理者才能够适应不断变化的市场需求，引领团队顺利实现发展目标。

技术更新换代的过程需要水利工程管理者具备坚定的信念和决心。他们要不断挑战自己的极限，敢于面对困难和挑战，坚持不懈地追求进步。只有在不断挑战自我的过程中，管理者才能够不断突破自身的局限，实现个人价值和团队目标的共同发展。

面对技术更新换代带来的种种挑战，水利工程管理者需要具备高度的适应能力和学习意识，不断提升自己的综合素质和能力。只有不断迭代升级，并保持对行业变革的敏感度，管理者才能在竞争激烈的市场中立于不败之地，为水利经济发展贡献更大的力量。

（二）资金投入不足

水利工程管理的重要性在于保障了全国范围内水资源的合理分配和利用，提高水资源利用效率，保护生态环境，促进经济社会的可持续发展。水利工程管理面临着诸多挑战，如水资源的日益紧张、水污染的严重程度增加和水灾频发等问题。资金投入不足会导致水利工程建设进度缓慢，水资源管理效果不佳，甚至造成水资源的过度开发和浪费，进一步加剧水资源的紧缺局面。资金投入不足也会影响水利工程管理的科学性和可持续性，从而无法有效应对各种水资源管理问题和挑战。资金的充足投入是水利工程管理的基础保障，只有在资金投入得到保障的情况下，水利工程管理才能更好地发挥其重要作用，推动水利经济的健康发展，实现水资源的可持续利用和保护。

（三）法律法规不完善

当前，我国水利工程管理面临着众多挑战，其中之一就是法律法规不完善。在水利工程管理过程中，法律法规的不完善给项目实施带来了很大的困难和隐患，容易导致管理混乱、权责不清等问题。因此，加强水利工程管理法规的制定和完善显得尤为重要。只有通过健全的法规体系，才能有效规范水利工程建设和运营管理，确保项目顺利实施并取得良好的经济效益。

值得注意的是，当前我国水利工程管理法规尚未形成完善的体系，仍存在空白和不足之处。缺乏相关法规的约束和指导，容易导致水利工程建设和管理中的漏洞和纰漏，增加了工程风险和管理不确定性。因此，亟需加快完善水利工程管理法规的立法进程，根据实际情况和发展需求，针对性地制定和修改相关法规，以适应水利工程管理的多样化需求和复杂环境。只有这样，才能更好地保障水利工程管理的顺利进行和水利经济的可持续发展。

第二节　水利经济发展的现状

一、水利经济发展的意义

（一）增加农田灌溉面积

水利工程管理与水利经济发展密不可分，只有加强水利工程管理，才能有效推动水利经济的发展。在当前社会发展进程中，水利工程管理面临着诸多挑战，需要找到解决之道。水利经济发展的现状仍存在不少问题，需要更好地整合资源，提高利用效率，才能实现可持续发展。水利经济发展的意义不仅仅是为了提高经济效益，更是为了解决农业生产中的水资源短缺问题。增加农田灌溉面积是当前水利工程管理的一个紧迫任务，只有增加灌溉面积，才能更好地满足农业生产的需求，促进农业经济的繁荣发展。

（二）促进农业生产

水利工程是农业生产中不可或缺的重要条件。水利工程能够提供灌溉水源，保障农田水利用的有效性。在干旱、水旱等自然灾害频繁的地区，水利工程的建设使农民能够及时、充分地供给作物所需的水量，从而保证了农田的正常生长和发育。

水利工程对于土壤保护起到了至关重要的作用。水利工程的建设可以有效防止水土流失，减少黄土高原、长江中下游等地区因水土流失而导致的土地沙化和退化现象。同时，通过水利工程的管理，还可以有效控制农田内的地下水位，避免因地下水位下降而导致的土壤盐碱化问题，提高土壤的肥力和质量。

水利工程的建设对作物生长也有着积极的影响。水利工程的灌溉使得农田中作物根系能够充分吸收到水分和养分，有利于作物的生长发育。而且，水利工程的管理还可以对农田中的病虫害进行有效防控，提高作物的产量和质量。

总的来说，水利工程在促进农业生产方面发挥着重要的作用。通过水利工程的建设和管理，不仅可以提高农田的灌溉效率和作物的产量，还能够保护土壤资源，增加农田的可持续利用性，为农业经济的发展奠定坚实基础。因此，加强水利工程建设和管理，提高水资源的利用效率，是推动农业生产和水利经济发展的关键举措。

（三）提高工农业产值

水利工程的建设和管理在提高工农业产值方面发挥着至关重要的作用。水资源是农业生产的基础，水利工程通过有效利用和节约水资源，可以提升农业灌溉水利效率，从而提高农作物的产量和质量。农业生产的效率提升对于提高工农业的产值具有积极的影响。

水利工程的建设可以解决农业用水难的问题。通过水库、水渠、灌溉设施等水利工程的建设，可以更好地调配和利用水资源，保障农田灌溉用水的供应。特别是在干旱缺水的地区，有效的水利工程可以帮助农民解决灌溉难题，提高农田的灌溉率和作物的产量。

水利工程的管理可以提高农业生产的效率。通过科学合理的水资源配置和灌溉技术改进，可以减少灌溉水的浪费，提高灌溉水的利用率。提高农业生产效率不仅可以增加农产品的产量，还可以缩短农作物的生长周期，提高作物的品质，并降低生产成本，增加农民的收入。

通过水利工程管理，可以实现农业生产方式的升级和农产品的附加值提升，从而提高工农业的产值。水利工程的建设还可以扩大农田面积，带动农业生产的规模化和现代化发展，进一步促进工农业产值的增长。

总的来说，水利工程管理和水利经济发展密切相关，通过高效利用水资源、提高农业生产效率，可以有效地提高工农业产值，推动经济的发展。因此，加强水利工程管理，促进水利经济的发展，对于实现农业现代化、推动经济增长具有重要意义。

（四）保障城市供水

水利工程对城市供水的重要性不言而喻。在城市化进程加快的今天，城市居民对清洁水资源的需求量日益增加。正是水利工程的建设和管理，才能确保城市居民获得充足的清洁水资源。

水利工程通过建设水库、引水渠和水厂等设施，确保城市水源的稳定供应。同时，通过科学的管理和调度，能够防止旱涝灾害，确保水资源的有效利用。这些措施不仅能够解决城市居民的日常生活用水问题，还能够支持城市工业和农业的发展。

水利工程的建设和管理对城市经济和生活都有着积极的影响。充足的清洁水资源不仅是城市生产、生活和消费的重要保障，也是城市经济发展的基础。水利工程的建设不仅能够改善城市的环境质量，提升城市形象，还能够促进相关产业的发展，创造就业机会，推动城市经济的繁荣。

在现代社会，水资源的管理和利用已经成为一个全球性难题，水资源短缺和水污染等问题日益凸显。面对这些挑战，水利工程管理需要不断创新技术，提高管理水平，提高水资源利用效率。只有坚持科学管理，加强水资源保护，才能更好地实现水利经济的可持续发展，推动城市供水系统的健康发展。

总的来说，水利工程管理与水利经济发展密不可分，彼此相互促进。只有加强水利工程建设与管理，确保城市供水的安全稳定，才能为城市经济的发展奠定坚实的基础，实现经济社会可持续发展的目标。

二、水利经济发展的问题

（一）水资源分配不均

使得一些地区水资源丰富，而另一些地区却面临着水资源匮乏的情况。这种水资源分配不均的现象严重影响了各地区的经济社会发展。水资源的不均衡分配导致了一些地区的农业生产受到了严重影响，农作物的生长和发展面临着巨大困难，从而影响了粮食供给和农业生产水平。水资源的稀缺性导致了水资源的过度开采和污染，给环境造成了严重破坏，进而影响了地区的生态平衡和环境可持续发展。

在水资源分配不均的情况下，一些地区会面临着干旱、水灾等多种水资源管理难题，增加了地方政府水利工程管理的难度和风险。同时，由于一些地区水资源丰富，导致了水资源的浪费和滥用，使得水资源管理的效益降低，浪费了宝贵的水资源资源。水资源的分配不均还可能引发地区间的水资源争夺和冲突，导致了地区间的合作不畅和发展不均衡。

在水利经济发展方面，水资源分配不均也给各地区的经济发展带来了不利影响。一些水资源匮乏地区由于缺乏足够的水资源支撑，阻碍了当地经济的健康发展。在水资源丰富地区，由于过度利用水资源，可能导致了水资源的逐渐枯竭，进而影响了当地的产业发展和经济可持续发展。水资源的分配不均也可能导致社会贫富差距的扩大，使得一些地区的社会经济发展水平滞后，加剧了区域间的发展差距。

（二）水资源浪费严重

水资源是人类生存和发展的重要基础，然而当前水资源浪费的情况依然十分严重。在农业生产过程中，农田灌溉系统存在着浇水不当、漏水率高等问题，导致大量水资源被浪费。同时，城市供水管网老化、漏水严重，也使得大量清洁水资源流失。工业生产过程中水的使用效率不高，许多企业存在着废水排放不规范的情况，造成了水资源的浪费。总体来看，水资源利用率仍然偏低。

导致水资源浪费严重的因素有很多。当前水资源管理体制依然不够完善，监管不力、执法不严等问题仍然存在，导致了部分地区对水资源的过度开发和浪费。缺乏对水资源的科学管理和规划，导致了资源配置不均衡，一些地区水资源过度利用，而一些地区水资源却得不到有效利用。一些地方政府和企业在追求经济利益的过程中，忽视了对水资源的节约利用，导致了浪费现象的加剧。

水资源浪费对社会经济发展、生态环境保护等方面都带来了负面影响。水资源的浪费直接造成了资源的稀缺性加剧，对经济社会的发展产生了不利影响。水资源的过度开发和浪费也对环境造成了破坏，导致了生态系统的失衡。水资源的浪费也进一步加剧了地区之间的资源分配不均衡，容易引发地区间的水资源争夺和利益冲突，加剧社会矛盾。

当前水资源浪费的问题十分严重，需要引起社会各界的高度重视。只有通过有效管理和科学利用水资源，才能实现可持续发展。

（三）水污染严重

水污染已经成为当今社会面临的严重问题。许多工业和城市排放的废水中含有各种化学物质和微生物，严重污染了环境中的水体。水污染的原因主要包括工业排放、农业化肥和农药的使用、城市生活污水排放等。这些污染物对水体生态系统造成破坏，不仅影响了水资源的可持续利用，还危害了人民的健康。

水污染对环境和经济都会产生负面影响。污染的水源会导致水资源短缺，影响农业灌溉和城市供水。水中的有害物质会对生物多样性造成破坏，影响水生生态系统的平衡。水污染还会影响渔业资源，导致渔业生产减少，影响渔民的生计。当人们饮用受污染的水源时，可能导致健康问题，增加医疗支出。

当前，水污染成为亟待解决的问题。政府、企业和公众都需要共同努力，采取有效措施减少和防止水污染的发生。应加强水资源管理，推动工业和农业生产的绿色发展，加强水体治理和净化技术的研究和应用。在制定政策和法规时，应注重环境保护和资源可持续利用，落实责任，加强监督和评估。

在水利工程管理与水利经济发展之间取得平衡是当今社会发展的重要课题。合理规划和管理水资源，保护水生态环境，推动绿色发展，是实现可持续发展的关键。水利工程管理和水利经济发展之间的协调发展，不仅能够满足人民对水资源的需求，也能保护水生态系统，维护人民的生存环境和健康。愿我们共同努力，共同守护我们的水资源，为建设美丽中国做出贡献。

三、水利经济发展的对策

（一）加强水资源管理

在当前社会发展的背景下，水资源管理愈发重要。加强水资源管理是保障水利工程安全运行、实现可持续社会经济发展的基础。需要加强水资源管理的系统性，建立健全的水利监管机制和法规，确保水资源的科学利用和合理配置。要加强水资源管理的综合性，将水资源管理纳入国民经济和社会发展的全局中，促进水资源高效利用。

为了加强水资源管理，需要加强水资源数据的收集和分析，建立健全的水资源信息系统，提高水资源管理的科学性和准确性。同时，加强水资源管理还需要加强跨部门间的协调合作，形成政府主导、企业参与、社会共治的水资源管理模式，推动水资源管理的协同发展。

在当前水利经济发展的背景下，要加强水资源管理还需要关注水资源与经济的协调发展。通过推动水资源与产业、生态、社会等领域的协调发展，实现水资源管理与经济发展的良性循环，促进水资源的可持续利用。同时，要加强水资源管理还需要注重水资源管理与国土规划、环境治理、城乡建设等领域的整合，实现水资源管理与社会经济发展的协同推进。

在未来的发展中，加强水资源管理将是重要的挑战和任务。只有加强水资源管理，才能实现水利工程管理与水利经济发展的良性循环，促进社会经济的可持续发展。因此，各级政府和有关部门应加强水资源管理，促进水利工程管理与水利经济发展的有机结合，为构建美丽中国、实现绿水青山就是金山银山的目标努力奋斗。

（二）推进节水工作

推进节水工作，是当前水利工程管理和水利经济发展中的一项紧迫任务。水资源是有限的，随着经济的发展和人口的增长，对水资源的需求也越来越大。因此，节约用水是防止水资源过度消耗的重要措施。水资源的利用与管理对于国家经济发展和社会稳定至关重要。保护水资源、合理利用水资源，不仅可以提高农业、工业和生活用水效率，还能推动水利行业的进步和发展，促进整个经济的可持续发展。

在推进节水工作的过程中，需要采取一系列的措施。加强对水资源的调查和监测，建立健全的水资源管理制度，确保水资源的合理分配和利用。推进节水技术的研发和应用，提高水资源利用效率，减少水资源浪费。第三，加强水资源的保护和治理，治理水土流失、水质污染等问题，保障水资源的可持续利用。第四，推动社会、政府和企业的节水意识的提高，培养节约用水的习惯和理念，形成全社会共同节约用水的氛围。

总的来说，推进节水工作不仅是一项重要的水利工程管理任务，也是推动水利经济发展的关键举措。只有在节约用水方面取得实质性进展，才能更好地解决当前水资源紧缺、水污染严重等问题，助力中国水利事业的健康发展。期待未来，我国水利工程管理和水利经济发展能够在推进节水工作的基础上，取得更大成就，实现水资源的可持续利用和经济社会的可持续发展。

（三）发展水环境治理

水环境治理是当今社会发展中不可忽视的重要环节。水资源的合理利用和保护关乎整个社会经济的可持续发展，只有通过有效的水环境治理，才能实现水资源的可持续利用。水环境治理不仅仅是一项技术问题，更是一项涉及政策、法律、经济等多方面的综合性工作。同时，水环境治理也是社会责任的体现，只有将责任落实到每一个单位和个人，才能真正做到水资源的保护和利用。

在当前的水环境治理中，面临着诸多挑战和问题。一方面，水资源的过度开发和滥用导致水资源枯竭、水质污染等问题愈发严重；另一方面，缺乏统一规划、监管不力等也给水环境治理带来了很大的困难。因此，必须要加强水环境治理的力度，推动政府、企业和公众共同参与，共同努力解决当前的水环境问题。

为了加强水利经济发展的对策，需要采取一系列有效措施。要建立健全水资源管理制度，明确政府、企业和公众的责任与义务；加大投入力度，提高水资源管理和保护意识；再者，积极推进科技创新，提高水资源利用效率和水环境治理水平。只有不断完善水资源管理体系，才能有效推动水利经济的可持续发展。

总的来说，发展水环境治理是当前的紧迫任务，需要政府、企业和公众共同努力，加强合作，共同促进水资源的保护和可持续利用。只有通过共同努力，才能实现水利工程管理与水利经济发展的良性循环，实现经济可持续发展的目标。

第三节 水利工程管理与水利经济发展的关系

一、水利工程管理促进水利经济发展

（一）提高水资源利用率

提高水资源利用率对于水利工程管理和水利经济发展至关重要。水资源是宝贵的自然资源，有效利用水资源可以提高农田灌溉效率，增加农业产量，改善土地利用结构，激发农业发展潜力。同时，提高水资源利用率可以减少水资源浪费，促进水资源的可持续利用，维护生态环境的平衡。在当前水资源日益紧缺的情况下，提高水资源利用率已成为水利工程管理的当务之急。

在实践中，提高水资源利用率面临诸多挑战，如水资源分布不均、水源污染严重、农田灌溉技术落后等问题。针对这些挑战，应制定科学的水资源管理政策，加强水资源保护与水质监测，推广水资源节约型技术，提高农业水利设施建设水平，全面促进水资源的高效利用。只有通过不懈努力，才能实现水资源的可持续利用，推动水利经济的健康发展。

提高水资源利用率既是当前水利工程管理的重要任务，也是促进水利经济发展的关键举措。水资源的宝贵性与有限性决定了我们必须重视水资源管理，努力提高水资源利用率，为我国水利工程管理和水利经济发展做出更大的贡献。愿我们共同努力，共同推动水资源利用率的提高，共同实现经济与生态的双赢。

（二）降低水资源浪费

水资源是人类生活和经济发展的重要基础，而水资源浪费是当前面临的严重问题之一。降低水资源浪费不仅能有效利用有限的水资源，也能促进水利经济的可持续发展。有效的水利工程管理是解决水资源浪费问题的关键，同时也是推动水利经济发展的重要保障。在当前形势下，水资源的浪费以及如何有效降低浪费已成为水利工程管理面临的重要挑战之一。通过实施科学合理的水资源管理政策和技术手段，可以更好地实现水资源的节约利用，为水利经济的可持续发展提供坚实支撑。在实践中，应加强水资源的综合规划和调配，提高水资源利用的效率，推动水利工程管理的改革与创新，以提升水利工程管理水平，促进水利经济的健康发展。

降低水资源浪费是当前亟需解决的一个重大问题。水资源的浪费不仅会影响人类生活和经济发展，还会对生态环境造成严重的破坏。为了更好地利用有限的水资源，我们需要加强科学管理和节约利用。在水资源管理中，应该注重提高水资源利用效率，采取切实可行的措施，避免水资源的过度消耗和浪费。还需要加强水资源的综合规划和调配，确保各地区的用水需求得到合理满足。

在实践中，水利工程管理需要不断改革和创新，探索新的管理模式和技术手段。通过引入先进的水利工程技术，提高水资源利用的效率，优化水资源配置结构，实现水资源的最大化利用。还应促进水利工程管理与生态环境保护的有机结合，保护好水资源，保护好生态环境，实现水利经济的可持续发展。

在未来的工作中，我们需要不断完善水资源管理政策，建立健全的管理制度，加强水资源监测和评估，及时发现和解决水资源管理中存在的问题。只有通过全社会的共同努力，才能有效降低水资源浪费，实现水资源的可持续利用，推动水利经济的健康发展。水资源是我们生活和发展的重要基础，珍惜每一滴水资源，是我们每个人的责任。愿我们共同努力，共同守护水资源，为美好的未来努力奋斗。

（三）推动水利设施建设

在实际开展工作中所面临的挑战

着力推动水利经济发展

以应对水利经济发展的挑战

水利工程管理在推动水利设施建设中起着至关重要的作用。通过有效的管理方式，可以提高水利设施的利用效率，促进水资源的合理利用，推动水利经济的持续发展。然而，水利工程管理也会面临一系列挑战，如资源短缺、技术落后、管理不规范等问题，需要不断加强管理力度，提升管理水平。当前，我国水利经济发展的现状仍然存在一些问题，如水资源短缺、水污染严重、水灾风险高等，亟需采取有效对策来应对。因此，加强水利工程管理，促进水利经济的发展，推动水利设施建设，是当前我国水利工作亟需解决的重要问题。

（四）促进水利技术创新

水利技术创新是推动水利工程管理和水利经济发展的重要动力，通过不断探索和应用新技术，可以提高水利设施和设备的效率和可靠性，降低维护成本，推动水资源的合理利用和保护。同时，水利技术创新也能够促进水利工程管理的科学化和智能化，提升管理效率和水平。在当前形势下，面对水资源紧缺和水环境污染等挑战，水利技术创新成为解决问题的关键途径，必须得到重视和支持。

水利技术创新是推动水利工程管理和水利经济发展的关键要素之一。随着科技的不断进步和社会的发展，新的水利技术不断涌现，为水利事业的发展掀开了新的篇章。通过不断探索和应用新技术，我们可以提高水利设施和设备的效率和可靠性，降低维护成本，推动水资源的合理利用和保护。例如，智能水利技术的应用可以实现对水资源的精细化管理，提高水资源利用效率，减少浪费。同时，水利技术创新也能够促进水利工程管理的科学化和智能化，提升管理效率和水平。

在当前形势下，面对水资源紧缺和水环境污染等严峻挑战，水利技术创新显示出了巨大的应对能力。新型的水利技术不仅可以提高水资源利用效率，还可以减轻水环境的压力，保护水资源的生态环境。一些智能化的水利设备，如无人机水稻田灌溉技术、水文监测网络等，有效地提升了水资源的利用效率和保护水资源的能力。水利技术的创新还可以为水利工程管理提供更加科学和可靠的依据，提升管理水平，确保水利工程的运行安全和稳定。

总的来说，水利技术的创新对于推动水利工程的发展、提高水资源利用效率、保护水资源环境、实现可持续发展具有重要意义。因此，应当加大对水利技术创新的投入和支持，不断推动水利技术的发展，为我国水利事业的发展注入新的活力。

（五）保障水资源供应

水资源是人类赖以生存和发展的重要物质基础，而水资源供应不足会给社会经济发展带来严重影响。保障水资源供应必须确保水的数量、质量和可持续利用，这对于水利工程管理至关重要。水资源的合理管理和有效利用是促进水利经济发展的基础，水资源的供应必须得到有效保障和管理才能支撑经济稳定增长。

水资源的供应充足是保障经济发展的基础条件，同时也是维护社会生态平衡的重要环节。水利工程管理要有效整合资源、技术和政策，以提高水资源的综合利用效率，确保经济发展的可持续性和稳定性。只有通过科学规划和有序管理，才能保障水资源供应的稳定性和可持续性，实现经济社会的可持续发展。

在当前严峻的水资源形势下，水利工程管理面临着巨大挑战。面对极端天气和气候变化等复杂环境条件，如何提高水资源利用效率，加强水利设施的维护和管理，成为当前水利工程管理领域的首要任务。同时，要加强水资源开发和保护，保护水源地环境，防止污染和水资源过度开采，确保水资源的长期稳定供应。

水利经济发展需要在资源管理、技术创新和政策支持方面取得突破，以实现资源利用的最大化和经济效益的最大化。水利工程管理与水利经济发展密不可分，只有通过加强管理和技术创新，才能最大限度地提高水资源的利用效率，实现水利经济的可持续发展。保障水资源供应是水利工程管理的核心使命，也是水利经济发展的基础保障。

二、水利经济发展促进水利工程管理

（一）增加投资建设水利设施

在水利工程管理和水利经济发展的探究中，增加投资建设水利设施是至关重要的一环。水利设施的建设和管理直接关系到水资源的有效利用和保护，对经济发展和人民生活都具有重要意义。然而，水利工程管理面临着诸多挑战，需要通过增加投资来解决设施建设和管理中存在的问题。对当前水利经济发展现状的分析表明，仍然存在许多不足之处，需要及时采取措施促进发展。水利工程管理和水利经济发展是紧密相连的，二者之间的关系需要得到进一步加强。水利经济发展可以促进水利工程管理的改善和提升，进而推动水利设施的增加投资建设，实现更好地水资源管理和利用。

（二）完善水资源管理制度

当前，水利工程管理的挑战日益严峻，而水利经济发展正处于快速增长的阶段。针对这一现状，我们需要加强水利工程管理，促进水利经济发展。水利工程管理和水利经济发展密不可分，两者相互促进，共同推动着整个水利事业的发展。因此，完善水资源管理制度显得尤为重要。在新的时代背景下，我们要不断优化水资源管理制度，提高水资源利用效率，从而实现水利工程管理与水利经济发展的良性循环。

（三）提高水资源利用效率

提高水资源利用效率是当前水利工程管理和水利经济发展中的重要任务。在技术手段方面，应该加大对节水灌溉技术、水资源循环利用技术等方面的研究和应用。例如，推广高效节水灌溉设备和技术，提高灌溉水利用效率；加强水资源回收再利用技术的研究和应用，实现水资源的多次利用。管理方式方面也需不断创新，建立健全水资源管理体系，加强水资源监测和调控，提升水资源利用的科学性和智能化水平。政策支持方面，应当制定鼓励节水、促进水资源合理配置的相关政策措施，鼓励企业和个人参与水资源管理，保障水资源的安全和可持续利用。

当前水资源利用存在的问题和难点主要有水资源短缺、水污染严重、水资源分配不均等。针对这些问题，应当加强水资源开发利用中的节水管理，减少水资源浪费；加强水资源保护，防止水污染问题的发生和扩大；加强水资源调配，保障水资源的公平合理利用。通过以上措施和对策的实施，可以提高水资源利用效率，推动水利工程管理与水利经济发展的良性循环，实现经济社会可持续发展的目标。

（四）推动水利科技进步

水利工程管理不仅是保障国家水资源安全和水利设施正常运行的关键，也是推动水利经济发展的不可或缺的因素。然而，水利工程管理面临着诸多挑战，如资源短缺、管理制度不完善等。目前，我国水利经济发展取得了明显成就，但仍存在一些问题，需要采取相应的对策进行解决。水利工程管理与水利经济发展密切相关，通过水利经济发展的促进，可以推动水利工程管理的不断进步。同时，水利工程管理的提升也会推动水利科技进步，为水利经济发展提供更好的支撑。

（五）促进水利产业发展

水利产业发展是水利工程管理与水利经济发展的重要方面。随着水资源的日益紧缺和环境污染日益加重，水利产业发展面临着诸多挑战。在当前形势下，水利工程管理不仅需要注重技术创新和规范管理，更需要与水利产业发展密切结合，促进水利产业的健康发展。只有通过不断推动水利产业技术创新和管理现代化，才能更好地应对挑战，实现水资源的可持续利用和水利经济的持续发展。随着我国水利产业不断发展壮大，将为经济增长和社会进步注入新的动力，实现经济社会可持续发展目标。

三、水利工程管理与水利经济发展的成果

（一）水利工程管理经验

水利工程管理经验：水利工程管理在当今社会中扮演着至关重要的角色，通过科学规划和有效管理水资源，可以为水利经济的持续发展提供有力支撑。然而，水利工程管理也面临着诸多挑战，如资源紧缺、环境污染等问题，需要寻找切实可行的解决方案。当前，水利经济发展正处于快速增长的阶段，但也存在着一些不容忽视的问题，需要及时采取有效的对策来应对。水利工程管理与水利经济发展密不可分，二者相互促进，共同推动着社会经济的持续发展。通过不懈努力，水利工程管理已取得了一系列可喜的成果，为我国水利事业的发展做出了重要贡献。水利工程管理经验的总结和积累，将有助于我们更好地应对未来的挑战，推动水利经济发展迈上新的台阶。

水利工程管理是一项至关重要的工作，其在当今社会的地位举足轻重。随着社会经济的快速发展，水资源管理的重要性愈发凸显。随之而来的是一系列挑战，如资源稀缺、环境问题等，这些都需要我们去积极应对，找到解决方案。水利经济的发展是一个持续的过程，需要我们不断努力，不断总结经验，探寻新的发展路径。水利工程管理与水利经济发展紧密相连，二者共同推动着社会经济的进步。

通过不懈的努力，我们已经取得了许多可喜的成果，这不仅为水利事业的发展贡献了力量，也为社会经济的持续发展奠定了基础。未来的路还很漫长，我们需要继续努力，继续总结经验，不断创新，以更加高效的方式管理水资源，推动水利经济迈上新的台阶。只有不断地自我完善，才能在未来的发展道路上披荆斩棘，取得更大的成就。水利工程管理经验的总结和积累，将成为我们不断进步、不断发展的宝贵财富。愿我们在未来的征途上继续前行，为水利事业的繁荣昌盛贡献自己的一份力量。

（二）水利经济发展成果

水利经济发展成果：水利工程管理与水利经济发展是密不可分的。水利工程管理的重要性不容忽视，但同时也面临着诸多挑战。当前，水利经济发展面临着许多问题，需要采取有效措施来应对。水利工程管理与水利经济发展之间存在着紧密的联系，二者的协同发展为我国水利事业带来了重要的成果。水利经济的发

展成果对全国的水资源管理和水利工程建设起着重要的推动作用，这一成果的意义不言而喻。

（三）水利工程管理与水利经济发展的互惠互利

在当今社会，水利工程管理与水利经济发展密切相关。水利工程管理的重要性不容忽视，而水利经济发展也面临着一些挑战。当前，水利经济发展的现状呈现出一定的特点，需要采取相应的对策。水利工程管理与水利经济发展之间存在着密切的关系，二者相互促进，共同取得了一系列成果。在这个过程中，水利工程管理与水利经济发展实现了互惠互利的局面。

（四）水资源可持续利用的前景

水资源可持续利用的前景：水利工程管理和水利经济发展密不可分，只有通过科学合理的管理措施和策略，才能实现水资源的可持续利用。水资源是人类生存和发展的基础，而有效的水利工程管理可以保证水资源的有效利用和分配。在当前全球水资源日益紧缺的形势下，水利工程管理的重要性不言而喻。然而，面对日益复杂多变的社会经济环境和气候变化，水利工程管理也面临着诸多挑战和困难。在这样的背景下，加强水利工程管理和水利经济发展的关系，提高资源利用效率，促进水资源的可持续利用，已成为当前中国水利工程管理的一个重要课题。通过科学规划和合理管理，可以取得较好的成果，为水资源可持续利用开辟一条可持续发展的新路径。

第四节 水利工程管理与水利经济发展的展望

一、未来发展趋势

（一）加强水资源管理水智能化建设

在当前社会背景下，水资源管理已成为一个备受关注的议题。水是生命之源，对于人类的生存和发展至关重要。然而，随着人口增长和工业化进程加快，水资源的供需矛盾日益突出，水资源管理变得尤为重要。加强水资源管理，尤其是推动水智能化建设，成为当前的当务之急。

水利工程管理是实现水资源高效利用和保护的关键，但也面临着诸多挑战。

传统的水利工程管理存在着资源浪费、效率低下等问题，需要创新管理模式和技术手段。同时，水利经济发展中的瓶颈制约了水资源管理的深入发展，需要有效的对策来打破困境。水利工程管理与水利经济发展密不可分，二者相互促进、相互影响。

在当前水利经济发展的现状下，需要加大投入，优化资源配置，促进水资源管理和利用的可持续发展。并且需要加强技术创新，推动水智能化建设，提高水资源利用效率，降低浪费。水利工程管理与水利经济发展的成果已经初显，但仍需不懈努力。展望未来，水利工程管理与水利经济发展将继续深化合作，实现互利共赢，为水资源管理开辟新的道路。

未来发展的趋势是水资源管理日益智能化，通过大数据、人工智能等技术手段实现对水资源的精细管理和优化调度。加强水资源管理水智能化建设不仅有利于提升水资源利用效率，还可以有效应对气候变化等挑战，保障生态环境和可持续发展。水资源是宝贵的资源，只有加强管理，才能实现水资源的可持续利用和保护。

（二）推广节水灌溉技术

推广节水灌溉技术在当前的水利工程管理和水利经济发展中扮演着重要的角色。水利工程管理的重要性不言而喻，面临的挑战也是巨大的。水利经济发展的现状让人深感担忧，但我们有相应的对策去应对。水利工程管理与水利经济发展之间存在密不可分的关系，取得的成果不可谓不丰硕。展望未来，水利工程管理与水利经济发展将有更多的发展机遇。未来发展趋势值得期待，而推广节水灌溉技术将在其中扮演更为重要的角色。

（三）强化水资源保护意识

强化水资源保护意识，在当前社会发展中显得尤为重要。水资源是人类生存和发展的基础，保护水资源意味着保护地球上的人类生存环境和生态安全。水资源的过度开发和不合理利用已经使得水资源变得日益紧缺，水质下降，水污染问题日益严重。这不仅影响到人类生活，也对生态环境造成了极大的破坏。因此，强化水资源保护意识迫在眉睫。

在当前形势下，必须加强水资源的管理与保护，实行科学合理的利用方式。只有通过改革现有的管理模式，制定更加完备的规划，加强对水资源的保护监管，消除水资源的浪费，才能更好地维护水资源的安全。

要适应经济社会的发展需求，必须积极推进水利工程的建设与管理。水利工程管理需要加强创新，提高工程建设的效率和质量。水利经济发展也需要寻找新的发展路径，实现水资源的可持续利用。水利经济的现状虽然存在诸多挑战，但只有有效推进水利工程管理，加强水利经济发展，才能实现更好的发展。

在未来的发展中，水利工程管理与水利经济发展的关系将更加密切。只有通过不懈努力，加强水资源的管理与保护，促进水利工程管理的发展，才能推动水利经济的繁荣。水利工程管理与水利经济发展是相辅相成的，只有二者合作共赢，才能实现水资源的可持续利用，助力社会经济的稳定发展。强化水资源保护意识，是我们每个人的责任和义务，也是对未来世代的一种负责任的表现。

（四）促进水利工程现代化

水利工程管理在今天的挑战中面临诸多复杂的问题，但其对于水利经济发展的推动作用不容忽视。当前水利经济发展的现状已经呈现出一定的特点，而针对这些现状，我们需要采取相应的对策，以促进水利工程管理与水利经济的健康发展。历经不懈努力，水利工程管理与水利经济发展之间已经形成了密不可分的联系，产生了显著的成果。展望未来，我们相信水利工程管理与水利经济发展将在更大范围内取得更加辉煌的成就，实现更为亮眼的发展趋势，为促进水利工程现代化贡献自己的力量。

二、发展前景展望

（一）传统水利工程优化

传统水利工程的优化在当前的时代背景下显得尤为重要，面临的挑战与机遇并存。水利工程的管理需要不断地创新和改进，以应对社会和经济发展的需求。当前，水利工程管理面临着诸多挑战，如资源短缺、环境污染、气候变化等，需要寻求有效的解决方案。水利经济发展的现状也是如此，需要采取一系列对策来促进其可持续发展。水利工程管理与水利经济发展之间存在着密不可分的关系，互为促进，共同推动着社会的发展。过去的成果是我们不断提升和完善的基础，但也需要不断地创新和改进，以适应新的挑战和需求。水利工程管理与水利经济发展的展望是美好的，我们有信心在未来取得更大的成就。发展前景展望是引领着我们前行的力量，带领我们走向更加美好的明天。传统水利工程的优化是我们不断努力的方向，努力寻求更好的解决方案，为社会的发展做出更大的贡献。

（二）新型水利工程发展

在当前的社会发展和经济进步背景下，水利工程管理变得愈发重要起来。但是，在水利工程管理的过程中，我们也面临着很多挑战和困难。水利工程管理仍然存在着一些瓶颈和不足，需要我们持续深入思考和探索。水利经济发展的现状也值得我们深思和重视，只有通过制定有效的对策和措施，才能更好地促进水利经济的健康发展。水利工程管理与水利经济发展之间存在着密切的关系，两者相互依存、相互影响，共同推动着整个水利事业向前发展。通过水利工程管理和水利经济发展的紧密结合，我们取得了一系列显著的成果，为推动中国水利事业的发展做出了积极的贡献。展望未来，我们可以看到水利工程管理与水利经济发展有着广阔的发展前景，只要我们不断创新和进取，就一定能够实现水利事业的跨越式发展。新型水利工程的发展，将为我国的水利领域注入新的活力和动力，为保障国家水资源安全和促进经济持续增长提供重要支撑。

（三）水利工程管理模式创新

水利工程管理模式创新：近年来，随着社会经济的发展和水资源日益紧缺的情况，水利工程管理模式也在不断创新。传统的水利工程管理方式已经不能满足当今社会的需求，亟需采取新的管理模式来提高水资源利用效率，实现可持续发展。水利工程管理模式创新不仅关乎经济效益，更关系到社会稳定和生态环境的可持续发展。

新型的水利工程管理模式在管理体制、技术手段和市场机制等方面都有了新的突破和探索。通过引入先进的信息技术和智能化管理手段，使得水利工程的监控和运行更加高效精准。同时，结合市场化的运作模式，推动水利工程项目的投资和运营更加灵活，促进了水利经济的发展和水资源的有效利用。

在当前形势下，加强水利工程管理的创新至关重要。只有不断探索新的管理模式，提高水利工程的设计、建设、运行和维护水平，才能更好地满足社会需求，推动水利经济的可持续发展。水利工程管理模式的创新将为我国的水利事业注入新的活力，为水利经济的发展开辟新的道路。期待未来，随着水利工程管理模式的不断创新和完善，我国的水利工程管理和水利经济将迎来更加美好的明天。

三、未来挑战与应对策略

（一）水治理难题解决

当前水利工程管理所面临的挑战十分严峻，需要我们采取一系列有效对策来应对。水利经济发展的现状也是十分复杂的，需要我们不断努力寻求解决之道。水利工程管理与水利经济发展之间的关系十分密切，我们必须深刻理解并挖掘其中的潜力。过去的努力已经取得了一些成果，但我们仍需不断前行。展望未来，水治理难题解决将是我们持续努力的方向。为了实现水利工程管理与水利经济发展的双赢局面，我们必须拿出更多的智慧和勇气，迎接未来的挑战。

（二）水资源分配问题解决

水资源分配问题解决：在当前社会背景下，水资源的有效管理与合理分配已成为一项亟需解决的重要问题。水利工程管理的意义和挑战在于如何有效地对水资源进行规划、开发和利用，确保水资源能够为人类的生活和生产提供可持续的支持。水利经济发展的现状呈现出水资源供给不足、利用效率低下、生态环境恶化等问题，必须采取有效的措施来解决。水利工程管理与水利经济发展密不可分，只有通过科学合理的管理和发展，才能实现水资源的可持续利用和生态环境的保护。未来，我们需要应对各种挑战，积极推进水资源管理体制改革，提高水资源利用效率，加强水资源保护，促进经济可持续发展。

（三）水环境治理任务完成

水环境治理任务完成：水利工程管理与水利经济发展的关联是紧密相连的。水利工程管理的重要性日益凸显，面临着种种挑战。当前水利经济发展的现状让我们深感忧虑，需要及时采取有效对策。水利工程管理与水利经济发展密不可分，取得的成果值得肯定。展望未来，我们需认清挑战，制定有效应对策略。水环境治理任务的完成对于国家和社会具有重要意义。

（四）水管理体制改革愈加完善

在当今社会，水利工程管理和水利经济发展的重要性不可忽视。水资源是人类生存和发展的基础，有效的水利工程管理可以保障水资源的合理利用和永续发展。然而，水利工程管理也面临着诸多挑战，如水灾、干旱等自然灾害的频发，传统的管理模式已经无法满足日益增长的需求。在水利经济发展方面，虽然取得了一定成就，但仍存在着诸多问题，如水资源的浪费和污染等，需要采取有效的对策来解决。

水利工程管理与水利经济发展密不可分，两者相辅相成。通过合理的水利工程管理，可以提高水资源利用效率，促进水利经济的发展。水利工程管理的成果也体现在水利经济的繁荣上，通过科学的规划和管理，水利工程可以为经济发展提供有力支撑。未来，面对挑战，我们需要制定更加有效的对策，推动水利工程管理与水利经济发展取得更大的成果。同时，水管理体制改革愈加完善，将为水利工程管理与水利经济发展注入新的活力和动力，促进水资源的可持续利用和经济的健康发展。

（五）水利工程科技创新促进水利产业升级

水利工程科技创新是推动水利产业升级的关键。水利工程管理的重要性日益凸显，挑战也愈发严峻。当前，我国水利经济发展面临一系列挑战，但通过有效的管理和合理的规划，可以实现可持续发展。水利工程管理与水利经济发展密不可分，相辅相成。近年来，水利工程管理的成果逐渐显现，为水利经济发展提供了坚实的支撑。未来，我们需要面对更多挑战，但只要保持科技创新，水利产业必将蓬勃发展，迎来更加美好的明天。

第六章 水利工程管理与水利经济发展的发展趋势

第一节 水利工程管理的现状分析

一、水利工程管理存在的问题

（一）资金管理方面的挑战

随着水利工程规模的不断扩大和水利工程建设的不断推进，资金管理成为当前水利工程管理中面临的重要挑战之一。资金的需求量巨大，但是资金来源有限，资金使用效率不高，导致资金管理方面存在着一系列问题。资金管理不规范、不透明，易引发腐败和浪费现象，严重影响了水利工程的建设和运行效果。由于资金的不足和不可持续性，也限制了水利工程的长期发展和稳定运行。解决资金管理方面的挑战，需要各级政府和相关部门加强监管，建立健全的资金审计制度，规范资金使用流程，提高资金使用效率，确保资金的合理配置和有效利用。同时，还需要加强对资金来源的多样化开发，寻找更多的资金来源，确保资金的稳定性和可持续性，为水利工程管理的顺利进行提供有力支持。

在当前社会背景下，资金管理方面的挑战不断凸显。水利工程建设规模不断扩大，对资金的需求量也随之增加。然而，资金来源的困难以及资金使用效率的不高导致了资金管理方面存在诸多难题。资金管理的不规范和不透明往往会引发腐败和浪费现象，严重影响水利工程的建设和运行效果。资金的不足和不可持续性也成为了制约水利工程长期发展和稳定运行的重要因素。

为解决资金管理方面的挑战，各级政府和相关部门需要加强监管，建立健全的资金审计制度，规范资金使用流程，提高资金使用效率，确保资金的合理配置和有效利用。同时，还需要积极探索资金来源的多样化开发，寻找更多的资金来源，确保资金的稳定性和可持续性，为水利工程管理的顺利进行提供有力支持。

在资金管理方面，还需要加强对资金的跟踪监督和使用情况的公开透明，建立健全的监督机制，加大对资金使用的监督执法力度，确保每一笔资金的流向都有严格的管理和审核。同时，要推动资金使用过程的信息化和智能化，提高管理效率和透明度。只有通过全方位的改革和创新，才能有效应对资金管理方面的挑战，为水利工程的顺利进行提供坚实的保障。

（二）技术水平的提升需求

技术水平的提升需求：水利工程管理正面临着新的挑战和发展机遇。随着科技的不断进步和社会的快速发展，水利工程管理技术水平亟待提升。当前，水利工程管理面临着许多新问题和挑战，需要更先进的技术手段和管理方法来应对。

水利工程管理的现状分析：目前，我国水利工程管理面临着许多挑战和问题。一方面，在基础设施建设过程中，存在着施工质量难以保障、工程监理不严格等问题；另一方面，在水资源利用和保护方面，存在着水资源浪费严重、生态环境破坏等现象。这些问题催促着水利工程管理技术水平的提升和改革创新。

水利工程管理存在的问题：当前，水利工程管理中存在着一些突出问题，如信息不对称、决策不科学、风险管理不足等。这些问题严重影响着水利工程的建设和管理效果，需要通过提升技术水平来解决。

提升水利工程管理的技术水平已成为当务之急。只有不断引进最新的科技成果，加强人才建设，创新管理模式，才能更好地应对水利工程管理中的各种挑战和问题，推动水利经济的发展。

（三）管理体制不完善的情况

管理体制不完善的情况在水利工程管理中仍然是一个较为突出的问题。由于管理体制的不完善，导致了水利工程建设和运营中出现了许多障碍和瓶颈。管理体制的不完善不仅影响了水利工程项目的进度和质量，也影响了水利经济的可持续发展。在当前的形势下，加强水利工程管理体制改革势在必行。只有不断完善管理体制，才能更好地推动水利工程的发展，实现水利经济的可持续发展目标。

（四）环境保护和可持续发展的压力

水利工程管理的现状分析：目前，水利工程管理在我国取得了一定的成就，但仍然面临着许多挑战和困难。一方面，水资源的不均衡分布和过度开发利用导致了水资源短缺和水污染的问题日益突出。另一方面，水利工程建设过程中存在着投资浪费、效益不明显等问题，需要加强规划和管理。

水利工程管理存在的问题：在实际管理过程中，水利工程项目存在着投资规模庞大、建设周期长、风险较高等特点，容易导致项目延误、超支等情况。缺乏有关方面的统一管理和监督，容易造成资源浪费和环境破坏，影响可持续发展。

环境保护和可持续发展的压力：随着社会经济的快速发展，环境保护和可持续发展的压力越来越大。水资源的合理利用与环境保护的矛盾日益突出，如何在水利工程管理中平衡经济发展和环境保护的关系，是当前亟需解决的重要问题。同时，全球气候变化等环境问题也给水利工程管理带来了更大的挑战，需要加强科学研究和管理措施，促进水利经济的健康发展。

二、水利工程管理的发展方向

（一）信息技术在管理中的应用

当前，水利工程管理正逐步向数字化、网络化、智能化发展，信息技术在水利工程管理中的应用越来越广泛。信息技术可以帮助水利管理者更准确、更及时地获取和处理相关数据，实现水资源的高效利用和科学管理。同时，信息技术也可以提升管理效率，优化管理流程，降低管理成本，进一步推动水利工程管理的现代化进程。

未来，水利工程管理需要更加重视可持续发展，注重环境保护和生态平衡，充分发挥水资源的经济价值和社会效益。同时，水利工程管理还需要与国家的现代化建设相互促进，更好地适应社会经济发展的需要。综合利用现代科技手段，全面提升水利工程管理的水平和质量。

当前，水利工程管理面临着一系列挑战和问题，如管理体制不够完善、管理手段不够先进、管理制度不够健全等。同时，水利工程管理还存在一些不足之处，如管理人员素质不高、管理方法单一、管理手段落后等。因此，水利工程管理亟需加强改革创新，不断探索适合中国国情的管理模式和路径，推动水利工程管理在新时代取得更大的发展和进步。

（二）增加科技人才投入

水利工程管理的现状分析显示，随着社会经济的发展和人口的增长，水资源的合理利用和管理变得更加重要。同时，面临着水资源短缺、水环境污染等严峻挑战，提高水利工程管理水平已经成为当前的紧迫任务。因此，水利工程管理必须根据实际情况，不断进行调整和改进，以保障水资源的可持续利用和社会经济的稳定发展。

水利工程管理的发展方向是朝着智能化、信息化、数字化方向发展。通过引入先进技术和管理方法，实现水资源的科学配置和精细管理，提高水利设施的效率和运行水平，最大限度地提升水资源利用效率和保证供水的安全可靠性。同时，要加强与水利科技人才的合作与交流，培养高素质的水利管理人才队伍，提升整体水利工程管理水平。

在水利工程管理中增加科技人才投入是至关重要的。科技人才对于水利工程管理的重要性不言而喻，他们能够为水利工程的规划设计、施工运行、安全监管等环节提供专业的技术支持和先进的管理思想。因此，加大对科技人才的培养和引进，建立健全的科技创新机制，才能够更好地推动水利工程管理的现代化进程，为水利经济发展注入新的动力和活力。

（三）完善管理体制和法规

在当前社会经济发展的背景下，水利工程管理扮演着至关重要的角色。然而，目前我国水利工程管理存在一些问题，需要进一步的完善和改进。未来，水利工程管理的发展方向将更加注重创新和科技应用，以提高水资源利用效率和管理水平。同时，完善管理体制和法规也是水利工程管理发展的关键，需要建立更为完善的法规体系，以确保水利工程管理能够更加规范和有效地运行。

三、水利工程管理的发展策略

（一）强化监督和考核机制

强化监督和考核机制对于水利工程管理的推动作用至关重要。只有建立起完善的监督和考核机制，才能有效监督水利工程建设中的各个环节和参与方的工作，确保项目的顺利进行和质量可靠。同时，通过加强监督和考核，可以及时发现和纠正工程建设中存在的问题和隐患，提升整体管理水平和工作效率。强化监督和考核机制还能够激励各方面的参与者，促使他们更加认真负责地履行自己的职责和义务，确保水利工程项目的顺利推进和质量保障。在实践中，建立起科学合理的监督和考核机制是水利工程管理的必然要求和重要保障。

（二）加强国际合作与交流

近年来，随着我国水利工程管理水平的不断提升，加强国际合作与交流已成为当前发展的必然趋势。在面对日益严峻的水资源管理挑战和水利工程建设任务的同时，积极开展国际合作，借鉴国际先进经验和技术，对提升我国水利工程管理水平至关重要。同时，随着全球化的深入发展，水资源管理已经不再是一个国家单独面对的问题，而是需要各国共同协作、共同应对。因此，加强国际合作与交流显得尤为迫切。

在加强国际合作的过程中，我国可以通过与其他国家的水利部门建立联盟，开展技术交流、人员培训等多方面合作，共同应对全球性的水资源管理问题。同时，可以积极参与国际组织的活动和项目，扩大我国在水利工程管理领域的国际影响力，提升我国在国际上的话语权和地位。还可以积极倡导并参与国际水资源管理规则和标准的制定，促进全球水资源的可持续利用和管理。

在加强国际交流的过程中，我国还应注重在水资源管理技术、水利工程建设经验等方面的交流与合作。通过与其他国家的学术机构、企业合作，共同开展科研项目、技术研发，提升我国水利工程管理的技术水平和创新能力。同时，加强与发达国家的技术合作，引进先进的水利工程管理技术和设备，提高我国水利工程管理的水平和效率。

总的来说，加强国际合作与交流对于促进我国水利工程管理水平的提升，推动水利经济的发展具有重要的意义。只有通过加强国际合作，借鉴国际先进经验，才能更好地适应全球化发展的趋势，实现我国水利工程管理水平的持续提升和水利经济的健康发展。

（三）提高管理效率和水平

水利工程管理作为一项重要的基础设施建设和管理工作，直接关系到国家经济发展和社会稳定。在当前形势下，水利工程管理面临着不少挑战和问题。因此，我们需要采取一系列的发展策略，以提高管理效率和水平。只有通过不断的改革创新和规范管理，才能更好地适应经济社会的发展需要，推动水利工程管理的健康发展。

当前，我国水利工程管理存在着管理体制不够完善、管理手段不够灵活、管理技术不够先进等问题。为了有效应对这些问题，我们需要积极推进水利工程管理体制改革，建立完善的管理制度和规范，强化对水利工程建设和运行管理的监督和评估。同时，还要加强对水利工程管理人员的培训和素质提升，提高他们的专业能力和管理水平。

为了提高水利工程管理的效率和水平，我们还需要不断推动信息化建设和智能化管理。通过引入先进的信息技术和管理工具，加强对水利工程的监测和运行状态的掌握，实现对水利工程管理全流程的全面监管和智能化控制。同时，加强与相关行业的合作与交流，积极引进国际先进管理理念和经验，借鉴其他国家先进经验，推动我国水利工程管理向着更高水平迈进。

总的来说，提高水利工程管理的效率和水平，是当前我国水利工程建设和管理工作亟待解决的重要任务。只有不断推进改革创新、完善管理体制、提高管理技术和水平，才能更好地保障国家水资源安全、推动水利工程管理向着更加健康和可持续的方向发展。希望通过我们的不懈努力，可以为我国水利工程管理事业的发展做出更大的贡献。

（四）促进科技创新和成果转化

水利工程管理的现状分析显示，我国的水利工程建设规模庞大，但在管理和运营方面还存在一些问题，例如设施老化、维护不及时等。为了有效推动水利工程的可持续发展，必须制定相应的发展策略。在发展策略方面，我国应着重加强水利工程管理的科技创新，促进相关成果的转化，从而提高水利工程管理的效率和水平。

促进科技创新是推动水利工程管理发展的关键。只有不断引入新技术、新理念，才能提高水利工程建设的质量和效率。科技创新可以帮助我们发现和解决管理中的问题，推动水利工程管理的现代化和智能化发展。同时，加强科技创新也有利于提升水利工程管理的国际竞争力，为我国的水利工程走向世界提供有力支持。

除了加强科技创新，还需要进一步促进科技成果的转化。科技成果转化是科技创新的重要环节，只有将科技成果转化为实际生产力，才能真正发挥其价值。在水利工程管理领域，可以通过建立科技成果转化平台、加强与企业的合作等方式，推动科技成果的应用和推广，提高水利工程管理的效益和效率。

水利工程管理的现状需要进行深入分析和研究，以制定相应的发展策略。促进科技创新和加强成果转化是推动水利工程管理发展的关键。只有不断开拓创新，才能推动水利工程管理不断迈向新的高度，为我国的水利经济发展注入新的活力。希望未来，在各方共同努力下，我国的水利工程管理能够实现更加可持续、高效的发展。

（五）推动可持续发展和生态保护

推动可持续发展和生态保护是当前社会发展的重要方向，水利工程管理在这方面起着至关重要的作用。通过不断优化管理策略和加强监管力度，可以有效保护水资源、改善生态环境，促进水利经济的可持续发展。水利工程管理需要注重生态环境的保护，坚持绿色发展理念，积极应对气候变化等环境挑战，确保水资源的合理利用和生态平衡。同时，水利工程管理还应与各相关部门密切合作，加强信息共享和资源整合，推动整个行业向着更加可持续和高效的方向发展。

在当前全球环境问题日益严峻的形势下，水利工程管理的发展也面临着诸多挑战和机遇。需要加强技术创新和人才培养，提高管理水平和服务质量，推动水利工程管理与水利经济发展的良性互动。只有不断完善管理机制，提高管理效率，才能更好地应对未来的发展挑战，实现水资源的高效利用和生态系统的健康发展。水利工程管理的现状分析应全面了解行业发展状况和存在问题，以此为基础进行发展策略制定和实施，落实推动可持续发展和生态保护的任务。

第二节 水利经济发展的现状分析

一、水利经济的重要性

（一）水资源在经济发展中的作用

水资源在经济发展中的作用是非常重要的。水是生命之源，也是经济发展的动力之一。水资源的利用和管理对于促进经济的持续发展具有重要意义。随着现代农业、工业和城市化进程的加快，对水资源的需求也越来越大。因此，合理利用和管理水资源，确保水资源的可持续利用对于经济增长至关重要。水资源的作用不仅体现在满足人们日常生活的基本需求上，还体现在推动农业生产、工业发展和城市建设等方面。只有充分发挥水资源在经济发展中的作用，才能推动经济持续健康发展。

（二）水利工程对经济的影响

近年来，随着经济的快速发展和人口的增加，水资源管理变得尤为重要。水利工程的建设及管理对于保障人民的生活水平、促进经济发展起着至关重要的作用。合理利用水利资源，提高水资源的利用效率，是推动经济发展和促进社会进步的关键之一。水利工程的管理策略需要不断创新，以适应市场经济的发展需求和社会的进步。同时，水利经济的发展也需要不断完善相关政策法规，加大投入力度，促进水利工程建设的稳步推进。

水利工程管理的现状分析显示，我国水资源管理体系相对完善，但在实践中仍存在一些问题。一方面，水资源的分布不均衡导致了水资源的过度开发和浪费，另一方面，水利工程的管理缺乏统一规划和有效监管，使得部分水利工程产生了资源浪费和环境污染等问题。因此，加强水利工程管理的现代化建设，不断提高水资源利用效率，减少水资源的浪费和污染，是当前亟待解决的重要问题。

水利经济作为国民经济的重要组成部分，对于改善人民生活水平，促进经济发展具有重要意义。水利经济的发展不仅可以推动相关产业的发展，提高劳动生产率，还可以增加国家的经济收入，改善人民的生活质量。同时，水利工程的建设和管理也可以带动相关产业的发展，形成产业链和价值链，为经济的持续增长提供强大支撑。

水利工程管理与水利经济发展密切相关，相辅相成。只有加强水利工程管理的现代化建设，不断完善水利经济政策和体制机制，才能实现水资源的可持续利用，促进经济的健康发展。希望未来能够通过合作共赢的模式，实现水利工程与经济的良性循环，为国家的经济繁荣和社会的可持续发展作出更大的贡献。

（三）水利经济的发展现状

水利工程管理与水利经济发展是密不可分的。随着社会经济的不断发展，我国水利工程管理取得了显著成就。目前，我国已建成了一大批优质、高效的水利工程，为农田灌溉、供水、防洪等提供了有力支撑。同时，水利工程管理也面临着一些挑战，比如工程技术更新换代速度缓慢，管理体制不够完善等。

在水利经济方面，水资源是国民经济和社会发展的重要基础。根据数据统计，近年来，水利经济在国民经济中的占比有所增加，水资源的利用效率也在逐步提高。政府出台了一系列政策法规，鼓励水利经济的发展，促进水资源的合理利用。同时，市场上也出现了一些与水利有关的新兴产业，如水处理设备、节水灌溉技术等，为水利经济的持续发展注入了新的动力。

水利经济的发展对于国家经济的可持续发展具有重要意义。作为一个水资源相对匮乏的国家，我国特别需要加强水利工程管理，提高水资源的利用效率，实现经济的可持续发展。同时，发展水利经济也可以带动相关产业的发展，促进地方经济发展，增加就业机会，改善人民生活水平。

水利工程管理与水利经济发展是相辅相成的。只有加强水利工程管理，提高水资源利用效率，才能推动水利经济的发展，实现经济社会可持续发展的目标。希望未来能出台更多有利于水利工程管理和水利经济发展的政策，共同推动水利事业取得更大发展。

二、水利经济发展的挑战

（一）水资源过度利用和浪费

水资源是珍贵的资源，但由于过度利用和浪费，导致水资源日益紧缺。这种现象已经成为制约水利工程管理与水利经济发展的重要因素之一。水资源过度利用和浪费的情况在我国尤为突出，急需采取有效措施来加以约束。水资源的过度利用和浪费不仅会导致水资源的匮乏，还会对生态环境产生不可逆转的影响，严重制约了水利工程管理与水利经济发展的可持续性。面对这一严峻形势，我们必须加强水资源保护，提高水资源利用效率，推动水利工程管理与水利经济发展走向可持续发展之路。

（二）水资源分配不均衡

水资源分配不均衡是当前水利工程管理和水利经济发展中面临的重要问题。在我国不同地区，水资源的分布和利用存在着差异，导致了资源的浪费和不均衡分配。这种不均衡的分配现象造成了一些地区水资源过度开发，而另一些地区则面临着水资源短缺的困境。这种差异在一定程度上影响了水利工程管理和水利经济的发展。

为了解决水资源分配不均衡的问题，我们需要制定科学合理的发展策略。一方面，可以加大水资源调度的力度，通过建设水利工程设施，实现水资源的跨区域调配，将水资源利用效率最大化。另一方面，可以加强水资源管理制度建设，建立健全的水资源管理体系，加强对水资源的保护和利用，促进水资源的合理分配和利用。

在水利经济发展的现状分析中，我们也可以看到水资源分配不均衡所带来的影响。由于水资源的不均衡分配，一些地区的水资源利用率较低，导致水资源的浪费和环境破坏。同时，由于部分地区的水资源过度开发，造成了水资源的枯竭和生态环境的破坏，严重影响了当地经济的可持续发展。

面对水资源分配不均衡所带来的挑战，我们需要进一步加强水资源管理和水利工程建设，推动水资源的合理利用和保护。只有通过科学合理的发展策略，才能够实现水资源的可持续利用，促进水利工程管理和水利经济的健康发展。希望未来能够更好地解决水资源不均衡分配的问题，实现水资源的均衡利用和可持续发展。

（三）水资源环境污染问题

水资源是人类生存和发展的重要基础，而水资源的环境污染问题却日益严重。水污染是导致全球许多地区的水资源质量下降，对人类生活和生产造成严重影响的重要原因之一。水资源环境污染不仅直接危害了人们的身体健康，也威胁着整个生态系统的平衡。当前，我国水资源环境污染问题依然比较严重，其中水质恶化、水生态系统破坏、地下水污染等问题都需引起高度重视。

水资源环境污染问题的根本原因在于工农业生产和人类生活活动中排放的废水、废气、废渣等污染物。在水利工程管理方面，应对水资源环境污染问题的关键是强化水资源保护和治理，加强水资源的监测和管理，提高水资源利用效率，推动水资源可持续利用。同时，还需加强环境保护意识的宣传教育，促进全社会形成环保意识，推动绿色生产和消费方式的发展，从根本上减少污染物的排放，保护水资源环境的健康和可持续发展。

水资源环境污染问题的解决不仅需要政府的重视和领导，也需要企业、科研机构、社会公众等多方面的共同努力。只有通过各方积极参与和合作，共同推动水资源环境污染问题的解决，才能有效保护水资源，维护人类生存的基本环境。为此，我们必须不断加强水资源环境污染问题的研究和防治，努力实现水资源的可持续利用，为我国水利经济发展和社会进步做出贡献。

三、水利经济发展的政策支持

（一）加强水资源管理与保护

加强水资源管理与保护是当前我国水利工程管理和水利经济发展的重要任务之一。水资源是人类生存和发展的基础，是经济社会发展的重要支撑，然而受到全球气候变化、人口增长、经济发展等多重因素的影响，我国水资源面临着日益加剧的短缺和污染问题。要解决这些问题，必须加强水资源管理和保护，提高水资源利用效率，确保水资源供应的安全稳定。

在当前的背景下，加强水资源管理和保护需要从多个方面着手。要完善水资源管理制度，建立科学合理的水资源管理体系，加强水资源监测和评估，及时掌握水资源的动态变化，为决策提供科学依据。要加强水资源节约利用，推动水资源循环利用和再生利用，开发利用新技术，提高水资源利用效率，减少水资源浪费。要强化水资源保护，加强水环境保护，减少污染物排放，改善水体质量，保护水生态环境，保障水资源可持续利用。

加强水资源管理和保护还需要政府、企业、社会各界的共同参与和努力。政府应加大投入，制定相关政策法规，促进水资源管理和保护工作的开展；企业应加强自律，推动节约用水、减少污染的技术创新和应用；社会各界应增强环保意识，积极参与水资源管理和保护活动，共同守护好我们的水资源。加强水资源管理与保护，不仅关乎当前社会经济发展和人民生活水平提高，更与子孙后代的未来息息相关，是一项刻不容缓的重大任务。期望通过各方的共同努力，我国的水利工程管理和水利经济发展能够迈向更加繁荣和可持续的发展道路。

（二）推动水资源的合理利用

推动水资源的合理利用：水资源是珍贵的自然资源，是人类生存和发展的基础之一。为了实现水资源的可持续利用，必须加强水利工程管理，推动水资源的合理利用。水利工程管理部门应加强水资源勘探和评估，制定综合高效的水资源管理方案，提高水资源利用效率，推动水资源可持续利用。同时，水利经济发展也需得到政策支持，鼓励开展水利工程建设，提高水资源利用效益，实现水资源的可持续利用，推动水利工程管理与水利经济发展的良性循环。

（三）完善水利经济政策和法规

水利经济政策和法规的完善对于水利工程管理和水利经济发展具有重要意义。现在的水利经济政策和法规系统还不够完善，需要进一步加强和完善，以适应水利工程管理和水利经济发展的新要求。水利经济政策和法规的不完善会影响水利工程管理的有效性，也会限制水利经济的发展速度和质量。因此，完善水利经济政策和法规是当前水利工程管理和水利经济发展中亟待解决的问题。

在完善水利经济政策和法规方面，需要从多个方面进行着手。要加强对水资源的管理和保护，建立健全的水资源管理制度和政策法规体系，确保水资源的合理开发利用和可持续利用。要加强水利设施管理和运行监管，加快水利设施建设和维护更新，提高水利工程管理的科学性和有效性。还要促进水利经济的多元化发展，拓宽水利经济的融资渠道，提高水利经济的发展水平和竞争力。

总的来说，完善水利经济政策和法规对于推动水利工程管理和水利经济发展具有重要意义。只有加强水利经济政策和法规的制定和执行，才能更好地推动水利工程管理的科学化和水利经济的健康发展。希望相关部门能够重视这一问题，加大政策支持力度，为水利工程管理和水利经济发展创造良好的政策环境和法规保障。

（四）增加投入支持水利经济的发展

水利工程管理是我国基础设施建设中至关重要的一部分，随着水资源的日益紧张和环境问题的日益突出，水利工程管理的现状十分严峻。面对种种挑战和困难，我们需要制定一系列的发展策略，以提升水利工程管理水平，推动水利经济的发展。同时，水利经济发展也需要得到政府政策的支持，增加投入力度，从而实现水利经济的良性发展。希望通过合理的管理和政策支持，推动水利工程管理与水利经济发展的蓬勃发展，为我国的经济社会发展做出贡献。

（五）促进水利产业结构调整和升级

我对中国水利工程管理和水利经济发展的现状进行了分析，发现了一些问题和挑战。在面对这些挑战时，我们需要制定相应的发展策略和政策支持，以促进水利产业的结构调整和升级。这样才能更好地推动水利行业向着更加健康、可持续的方向发展。希望通过我们的努力，能为水利工程管理和水利经济的发展做出更大的贡献。

第三节 水利工程管理与水利经济发展的互动关系

一、水利工程管理对水利经济的影响

（一）提高水资源利用效率

一方面，提高水资源利用效率需要采用先进的技术手段，例如引入先进的水利工程设施和设备，提高灌溉效率等。通过科技创新，推广节水灌溉技术和设备，可以有效降低浪费，提高水资源的利用率。另一方面，加强管理方式也是关键。建立健全的水资源管理体系，加强对水资源的监控和调度，合理分配水资源利用权益，推动水资源的可持续利用。

同时，政策支持也至关重要。政府应该出台有针对性的政策措施，鼓励节水灌溉技术的应用，减少水资源的浪费，推动节水型社会的建设。同时，加大水资源管理的投入，完善相关法规和制度，提高水资源管理的效率和水平。

当前，水资源利用存在的问题主要有水资源浪费严重、水质污染、水资源分配不均等。解决这些问题，需要全社会的共同努力。加强技术创新，改善水资源管理，保护水资源环境，提高水资源的整体利用效率。

提高水资源利用效率是当前我国水利工程管理和水利经济发展的重要课题。只有通过技术升级、管理创新和政策支持的综合措施，才能实现水资源的高效利用，促进水利经济的可持续发展。希望在未来的发展中，各方面能够更加关注水资源管理和水利经济发展，共同推动水利事业的健康发展。

（二）推动水利设施建设与维护

推动水利设施建设与维护对于水利工程管理和水利经济发展具有重要意义。水利设施建设的完善和维护有助于提高水资源的利用效率，保障农业灌溉和城市供水，有效应对自然灾害，促进经济发展和社会稳定。通过科学规划和有效管理，可以推动水利设施的建设和维护工作，不断完善相关设施，提高水资源的综合利用率，从而促进水利工程管理和水利经济发展的持续发展。

水利设施建设的推动需要政府的支持和引导，同时也需要企业和社会各方的积极参与。通过合理分配资源，加强政策支持，完善管理体制，优化工作流程，提高管理水平和技术水平，推动水利设施建设和维护工作的不断发展。同时，还需要不断加强水利设施的科研力量，推动科技创新，提高设施的技术含量和品质水平，确保水利设施建设和维护的长久效益和稳定发展。

推动水利设施的建设和维护是水利工程管理和水利经济发展的重要支撑，可以进一步提高水资源的利用效率，促进经济的可持续发展，实现水资源的可持续利用和生态环境的可持续发展。希望通过持续努力和合作，共同推动水利设施建设和维护工作的不断进步，为我国水利工程管理和水利经济发展注入新的活力和动力。

（三）促进农业生产和保障粮食安全

促进农业生产和保障粮食安全是水利工程管理与水利经济发展密切相关的重要议题。水利工程管理的现状分析显示，我国的水利工程建设规模不断扩大，管理效率也在不断提升，但仍面临着一些挑战和问题。为了更好地推动水利工程管理的发展，我们需要制定科学合理的发展策略，提高管理水平和技术水平，以应对复杂多变的环境。

同时，水利经济发展的现状分析表明，水资源是农业生产的重要基础，发展水利经济对于提高农业生产效率和保障粮食安全至关重要。政策支持是推动水利经济健康发展的重要保障，需要加大政策支持力度，引导资金和技术投入，优化资源配置，提升水利设施的效益和利用率。

水利工程管理与水利经济发展之间存在着密切的互动关系，水利工程管理对水利经济的影响不可忽视。优化水利工程管理可以提高水资源利用率和农业生产效率，进而促进经济增长和粮食生产。通过加强水利工程管理，我们可以更好地保障农业生产和粮食安全，推动农业现代化和乡村振兴。促进农业生产和保障粮食安全是水利工程管理与水利经济发展的重要使命和责任，需要在政策支持和科技创新的推动下，不断完善管理机制和提升管理水平，为实现经济可持续发展和粮食安全做出积极贡献。

二、水利经济对水利工程管理的需求

（一）提高管理水平和效率

提高管理水平和效率对于水利工程管理与水利经济发展至关重要。当前，水利工程管理存在一些问题和挑战，需要采取一系列发展策略来提升管理水平和效率。同时，水利经济的快速发展也需要更高效的水利工程管理支持。水利工程管理与水利经济发展之间存在着密切的互动关系，需求持续增长也推动了管理水平的提升。政策支持是水利经济发展的基础，必须加强政策制定和执行力度，为水利工程管理提供更好的政策环境和支持。只有通过不断完善水利工程管理和提高管理效率，才能更好地推动水利经济的发展，实现水资源的可持续利用和管理。

（二）加强资金投入和项目管理

加强资金投入和项目管理是推动水利工程管理与水利经济发展的重要保障。当前，水利工程建设面临资金不足、项目管理不规范等问题，需要加大投入力度，提高项目管理水平，确保工程质量和进度。政府应加大对水利项目的资金投入，加强监督管理，提高项目审批效率，优化项目设计方案，推动水利工程的规范建设和良好运行。同时，建立健全项目管理体系，加强项目进度和质量控制，提升项目管理专业化水平。只有加强资金投入和项目管理，才能更好地满足水利工程建设与水利经济发展的需求，实现双赢局面。

（三）推动科技创新和管理智能化

推动科技创新和管理智能化对于水利工程管理与水利经济发展至关重要。随着科技的不断进步和智能化技术的广泛应用，水利工程管理正在迎来新的发展机遇。为了更好地实现水利工程的高效运行和管理，必须不断推动科技创新，引入先进的管理智能化技术。只有不断提升管理水平，优化资源配置，才能更好地支持水利经济的发展。科技的创新可以提高水利设施的效率和安全性，降低运行维护成本，从而为水利经济发展提供强有力的支持。

管理智能化是推动水利工程管理现代化的重要途径。利用人工智能、大数据、云计算等技术，可以实现对水利工程运行状态的实时监测和预测，帮助管理者及时调整策略，提高决策效率。智能化管理系统可以对水资源的调度、水质的监测、灾害的预警等工作进行优化，为水利工程的可持续发展提供科学依据。同时，管理智能化还可以提高工作效率，减轻管理人员的工作负担，提升整体管理水平。

推动科技创新和管理智能化对于水利工程管理与水利经济发展的互动关系也至关重要。科技创新可以为水利工程管理提供更多的发展机会，为水利经济的发展提供更多的支持。只有不断强化科技创新意识，积极引入智能化管理技术，才能实现水利工程管理与水利经济发展的良性互动，为我国水利事业的发展注入新的活力。

（四）促进生态环境保护和可持续发展

水利工程管理与水利经济发展的互动关系至关重要，水利工程管理的现状分析显示出一些问题和挑战，但是在市场经济的推动下，水利工程管理的发展策略也在不断优化和改进。与此同时，水利经济发展的现状也需要政策支持，以推动水利工程管理和水利经济的良性循环。水利经济对水利工程管理的需求不能忽视，只有两者相互促进才能实现可持续发展的目标。促进生态环境保护和可持续发展是当前的重要任务，水利工程管理和水利经济的互动关系将在这一过程中发挥重要作用。

第四节 水利工程管理与水利经济发展的协同发展路径

一、加强政策引导与协同机制建设

（一）指导水利工程和水利经济发展方向

在当前的背景下，水利工程管理和水利经济发展正面临着众多挑战和机遇。

要想实现水利工程管理的现代化和水利经济的可持续发展，需要深刻认识当前的现状，并制定有效的发展策略。同时，政策支持和协同发展机制更是至关重要的。

水利工程管理的现状分析显示，我国水利体制改革取得了显著成效，但与现代化水平还存在一定差距。针对这一现状，我们需要加强政策引导，推动水利工程管理向信息化、智能化方向发展。同时，要鼓励创新，引入先进技术，提升管理效能。

水利经济发展的现状分析表明，水资源开发利用形势严峻，水利经济支撑能力有待提高。因此，政策支持至关重要。政府应该加大投入，完善激励机制，促进水利经济的良性发展。

水利工程管理与水利经济发展密不可分，二者之间存在着紧密的互动关系。水利经济的不断发展对水利工程管理提出了更高要求，需要精细化、智能化的管理方式。而水利工程的发展也为水利经济的增长提供了有力支撑。

为了实现水利工程管理与水利经济发展的协同发展，需要加强政策引导与协同机制建设。只有明确发展方向，统筹资源，形成合力，才能实现水利工程和水利经济的双赢局面。指导水利工程和水利经济发展方向至关重要，这不仅关乎行业的稳定发展，也关乎国家水利事业的长远发展。愿我们共同努力，为水利事业的蓬勃发展贡献自己的力量。

（二）建立政府主导和市场机制相结合的体制

建立政府主导和市场机制相结合的体制对于水利工程管理与水利经济发展的重要性不言而喻。政府在水利工程管理领域的主导作用体现了政府对水资源管理的重视和指导，同时市场机制的引入也能够激发市场活力，提高资源配置效率。建立政府主导和市场机制相结合的体制，可以更好地推动水利工程管理和水利经济发展的协同发展，增强各方的合作与互动，促进水利资源的有效利用和管理。政府主导和市场机制相结合的体制建设，是实现水利工程管理与水利经济发展协调发展的有效途径，有助于提升水利工程管理效率和水利经济的发展水平，推动水利事业不断向前发展。

（三）推动跨部门协同治理

推动跨部门协同治理是当前水利工程管理与水利经济发展中至关重要的一环。只有不同部门之间进行有效的协同合作，才能更好地应对水资源管理、环境保护和经济发展等方面的挑战。因此，建立跨部门协同治理机制是当务之急。各部门之间应加强沟通与协调，形成工作合力，共同推动水利工程管理与水利经济

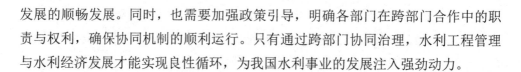

发展的顺畅发展。同时，也需要加强政策引导，明确各部门在跨部门合作中的职责与权利，确保协同机制的顺利运行。只有通过跨部门协同治理，水利工程管理与水利经济发展才能实现良性循环，为我国水利事业的发展注入强劲动力。

（四）强化地方政府行业管理责任

水利工程管理的现状分析显示，随着社会经济的发展和人民生活水平的提高，对水利工程的需求日益增加。然而，目前我国水利工程管理存在着管理不规范、资源浪费等问题。为此，我们需要制定有效的发展策略，加强管理人员的培训与规范，建立健全的监督机制，促进水利工程管理水平的提升。

水利经济发展的现状分析表明，水资源是非常宝贵的资源，对经济发展起着重要作用。然而，我国目前水利经济存在着资源利用不合理、效率低下等问题。因此，政策上需要进一步支持水资源的合理利用，促进水利经济的可持续发展。

水利工程管理与水利经济发展之间存在着密切的互动关系。水利工程管理的提升将促进水利经济的发展，而水利经济的发展也将带动对水利工程管理的需求。因此，需要加强双方之间的协作与合作，实现优势互补，推动水利工程管理与水利经济发展的良性循环。

为了实现水利工程管理与水利经济发展的协同发展路径，我们需要加强政策引导与协同机制建设。同时，地方政府在行业管理上需要承担更多的责任，加强监督与服务，推动水利工程管理与水利经济发展走上健康快速发展的道路。强化地方政府行业管理责任对于水利工程管理与水利经济发展具有重要意义。

（五）建立长效有效的政策支持体系

建立长效有效的政策支持体系对于水利工程管理与水利经济发展至关重要。只有通过加强政策引导与协同机制建设，才能实现水利工程管理与水利经济发展的良性互动，推动两者的协同发展。因此，建立长效有效的政策支持体系是当前水利领域发展的紧迫任务之一。

在建立长效有效的政策支持体系的过程中，需要充分考虑水利工程管理与水利经济发展的现状分析，深入了解两者之间的互动关系。只有深入了解水利经济对水利工程管理的需求，才能在政策制定中更加精准地满足水利工程管理的需求，推动水利经济的健康发展。要结合实际情况，制定适合当前阶段水利工程管理与水利经济发展的发展策略，以实现两者在协同发展路径上的快速推进。

总的来说，建立长效有效的政策支持体系是促进水利工程管理与水利经济发展的关键举措。只有通过政策引导与协同机制建设，才能使水利工程管理与水利经济发展实现良性互动，共同推动两者的协同发展，并为中国水利事业的繁荣发展奠定坚实的政策基础。

二、推进科技创新与管理智能化

（一）强化科研机构和企业合作

强化科研机构和企业合作，是推动水利工程管理与水利经济发展的关键一步。科研机构具有雄厚的研发实力和技术优势，能够为水利工程管理提供前沿的科学技术支持；而企业则具有市场开拓能力和实际操作经验，可以将科研成果转化为生产力，推动水利工程管理产业的发展。通过深化科研机构和企业之间的合作，可以实现资源共享、优势互补，提高水利工程管理的科技含量和市场竞争力。

科研机构和企业合作的方式多样，可以是联合研究项目、共建研发中心，也可以是科技人员互派、共同培训等形式。通过合作，科研机构可以更好地了解市场需求，提高研究成果的实用性和可操作性；企业可以获取最新的科技成果，提升自身竞争力。强化科研机构和企业合作，不仅可以促进水利工程管理行业的创新发展，还可以推动水利经济的快速增长，实现双赢局面。

要加强科研机构和企业之间的合作，需要建立起长期稳定的合作机制，明确合作目标和责任分工，充分发挥各自的优势，实现优势互补。同时，政府应加大对科研机构和企业合作的支持力度，提供政策扶持和资金支持，营造良好的合作环境。只有科研机构和企业紧密合作，共同推动水利工程管理与水利经济发展，才能实现行业持续发展和经济繁荣。

（二）加大科研项目投入与支持

当前，水利工程管理面临着诸多挑战和机遇。在这种情况下，必须制定合理有效的发展策略，才能推动水利工程管理取得更好的发展。同时，水利经济发展也需要政策支持和合理规划，以促进经济和社会的可持续发展。水利工程管理与水利经济发展之间存在着密切的互动关系，彼此之间相互依存、相互促进。水利经济对水利工程管理的需求日益增加，需要不断推动水利工程管理实现升级和创新，以满足不断变化的需求。只有通过协同发展路径，推进科技创新及管理智能化，加大科研项目投入与支持，才能实现水利工程管理与水利经济发展的良性循环和可持续发展。

（三）推动人才培养和队伍建设

推动人才培养和队伍建设是水利工程管理与水利经济发展的重要保障。培养高素质的人才是推动水利事业发展的基础，而建设专业队伍则是保证水利项目顺利实施的关键。在当前形势下，需要注重引导人才向水利领域集聚，加强对水利工程管理知识和技能的培训，培养具有国际视野和创新精神的人才。同时，要持续改进人才培养机制，激励人才成长，确保水利工程管理队伍具备应对复杂环境的能力。

建设高效专业的队伍也至关重要。队伍建设既包括完善水利工程管理的组织架构，也包括建立健全人才评价机制和激励机制。通过建立多层次、多领域的队伍结构，将不同层次、不同专业的人才结合起来，形成协同作战的力量。同时，还要注重团队协作和文化建设，打造积极向上、充满活力的团队氛围，激发队伍的凝聚力和战斗力。只有不断加强人才培养和队伍建设工作，才能更好地推动水利工程管理与水利经济发展的协同发展，实现水利事业的可持续发展。

三、促进工程质量与经济效益提升

（一）加强工程建设与管理监督

加强工程建设与管理监督是确保水利工程建设质量和运行效率的重要举措。只有加强监督，才能及时发现存在的问题并及时解决，确保工程建设过程中的合规性和规范性。为此，需要建立健全的监督机制，明确监督责任和监督程序，提高监督工作的效率和效果。同时，还需要加强对工程建设过程中的各个环节的监督和管理，确保工程建设的合理性和科学性。通过加强工程建设与管理监督，可以有效提升水利工程质量和经济效益，推动水利经济的健康发展。

（二）提高工程设计和施工水平

水利工程设计和施工的水平直接影响着水利工程的质量和经济效益。要提高水利工程设计和施工水平，首先需要加强技术研究和人才培养。通过加强科研机构与企业的合作，推动技术创新和成果转化，提升设计和施工技术水平。同时，注重对水利工程领域专业人才的培养和引进，引入国际先进技术和管理经验，不断提高从业人员的专业素质和实践能力。

要加强水利工程管理体系建设。建立健全的水利工程管理体系，包括规范的设计验收标准、严格的施工监管机制和完善的运维管理模式，确保水利工程的全周期管理和运行效果。同时，加强信息化建设，利用先进的信息技术手段提升工程管理的智能化和精细化水平。

要加强国际合作与经验交流。水利工程建设和管理需要借鉴和吸收国际先进经验和技术，通过国际合作开拓市场，引进国外先进技术和管理理念，推动我国水利工程设计和施工水平的提升。同时，开展国际合作项目和经验交流活动，促进相关行业之间的经验互换和共同提升。

要实现水利工程设计和施工水平的提升，需要政府、企业和社会各界的共同努力。政府应加大对水利工程设计和施工的政策支持和投入，激励企业加大研发和技术创新投入，创造良好的市场环境和竞争机制。企业应加强内部管理，优化资源配置，提高工程管理效率和质量；社会各界应加强对水利工程设计和施工的监督和支持，形成全社会共同推动水利工程管理与水利经济发展的良好氛围。只有共同努力，才能实现水利工程管理与水利经济发展的良性互动与共同发展。

（三）推动工程运行效率和效益提升

随着社会经济的不断发展，水利工程在保障国家水资源利用效率、防洪减灾等方面的重要性日益凸显。然而，目前在水利工程管理中依然存在一些问题，比如设施老化、管理不规范、资金短缺等。这些问题直接影响着水利工程的运行效率和效益。

在当前的水利经济发展背景下，提高水利工程的运行效率和效益显得尤为重要。只有通过有效的管理和运营，才能实现水资源的可持续利用，推动经济的健康发展。因此，有必要加强对水利工程管理的监督和管理，提高工程的维护和运行水平，实现资源的最大化利用。

同时，要加强对水利经济发展的政策支持，为水利工程的建设和管理提供更多的支持和保障。例如，加大对水利工程的投入与支持力度，优化水利工程管理机制，建立健全的监督体系等，这些都有助于提高水利工程的运行效率和效益。

水利工程管理与水利经济发展之间存在着密不可分的关系。水利经济对水利工程管理提出了更高的要求，而水利工程管理的提升也将促进水利经济的健康发展。只有加强二者之间的协同合作，才能实现更好地促进工程质量与经济效益的提升，推动工程运行效率和效益的提升。

在未来的发展中，我们需要进一步探索水利工程管理与水利经济发展的协同发展路径，不断完善现有管理机制，提高管理水平和科技含量，推动水利工程的可持续发展。只有这样，才能更好地实现水利工程的效益最大化，为社会经济的可持续发展做出更大的贡献。

（四）实施工程质量与经济效益评估

为了促进工程质量与经济效益的提升，首先需要实施工程质量与经济效益评估工作。在项目启动阶段，需要对水利工程的可行性进行严格评估，包括技术可行性、经济可行性和社会可行性等方面。通过科学的评估方法，可以有效避免工程建设过程中出现的质量问题和经济风险，确保项目的顺利进行和取得预期的效益。

同时，在工程建设的过程中，要加强对工程质量和进度的监督和管理。建立健全的质量控制体系和监督机制，及时发现和解决工程质量问题，确保工程建设的顺利进行。还要注重提高工程施工的效率和节约成本，将资源的利用达到最优化，实现经济效益的最大化。

然而，实施工程质量与经济效益评估过程中可能会面临一些挑战和困难。首先是评估工作需要具备专业经验和技术支持，需要各类专业人才的积极参与和参与。其次是评估过程可能受到外部环境和政策法规的影响，需要与相关部门和机构进行有效沟通和配合。评估结果可能受到不确定性因素的影响，需要采取合适的风险管理措施，保证评估结果的准确性和可靠性。

总的来说，通过实施工程质量与经济效益评估，可以有效提升水利工程管理的水平，推动水利经济的健康发展。在面对挑战和困难时，需要政府部门、企业单位和社会组织共同努力，加强合作与协调，共同促进水利工程管理与水利经济发展的协同发展，实现可持续发展的目标。

第五节 汲取国际经验与合作推动水利工程管理与水利经济发展

一、国际经验借鉴与应用

（一）针对国际水利工程管理实践的启示

我们应积极汲取国际经验，学习国际先进的水利工程管理实践，以推动我国水利工程管理与水利经济发展的协同发展。在国际经验中，我们可以看到许多值得借鉴的方面，例如在工程质量与经济效益提升方面，国际上许多国家都注重技术创新和工程管理的标准化，以提高工程建设的质量和效益。

国际合作也是推动水利工程管理与水利经济发展的重要手段。通过与国际组织、企业和专家的合作，我们可以共同探讨解决方案，交流经验，共同推动水利领域的发展。国际合作还可以促进技术转移和人员培训，进一步提升我国水利工程管理水平和水利经济发展水平。

针对国际水利工程管理实践的启示，我们应该着眼于整体发展，注重协同推动水利工程管理与水利经济发展。同时，在借鉴国际经验的过程中，要结合我国国情，根据我国的实际情况进行调整和改进，以确保我们的措施更符合我国的国情和发展需求。

通过汲取国际经验与合作，我们可以不断优化水利工程管理模式，提升工程质量与经济效益，推动水利经济的可持续发展。只有不断学习和改进，我们才能更好地应对未来的水利挑战，实现水利工程管理与水利经济发展的良性互动。

（二）开展国际经验交流与合作

在推动水利工程管理与水利经济发展的过程中，借鉴和应用国际经验是至关重要的。在全球化的时代，各国水利工程管理和水利经济发展面临着共同的挑战和机遇，通过与国际合作伙伴分享经验和技术，可以有效提高我国水利工程管理水平，并推动水利经济的可持续发展。

开展国际经验交流对于我国水利工程管理的现代化转型至关重要。通过借鉴和学习国外先进管理模式和技术手段，我国可以不断改进水利工程建设和管理方法，提升工程质量和效益。比如，某些发达国家在水资源利用和环境保护方面拥有丰富的经验，我国可以通过与其开展合作，在水资源配置和生态环保方面取长补短，实现经济效益和生态效益的双赢。

国际合作也可以帮助我国克服水利工程管理和水利经济发展中的各种挑战和障碍。比如，某些技术含量较高的水利工程项目对资金和人才的要求较高，我国可以通过与国外合作伙伴共同承担项目风险和分担投资，提高项目的可行性和成功率。同时，国际合作也可以帮助我国引进先进的管理经验和技术，缩短产业升级和转型的时间，加快水利经济发展的步伐。

总的来说，开展国际经验交流与合作是推动水利工程管理与水利经济发展的重要途径。通过借鉴国外的成功经验和技术，我国可以不断完善水利工程管理体系，提高工程质量和效益；通过与国际合作伙伴共同合作，克服各种挑战和障碍，推动水利经济的可持续发展。相信在国际合作的桥梁下，我国水利工程管理必将迎来新的发展机遇，水利经济也必将迎来新的繁荣。

（三）推动国际标准和规范对接

推动国际标准和规范的对接是水利工程管理与水利经济发展的重要任务之一。由于水资源是全球共享的重要资源，水利工程管理需要遵循一致的标准和规范，以确保工程质量和经济效益的提升。因此，国际标准和规范的对接是至关重要的。

在推动国际标准和规范对接的过程中，需要充分借鉴并应用国际经验。通过学习其他国家和地区的成功案例和经验，可以更好地理解和应用国际标准和规范，提高我国水利工程管理与水利经济发展的水平。同时，加强国际合作，积极参与国际标准的制定和修订，推动我国水利工程管理与水利经济发展与国际接轨。

在推动国际标准和规范对接的过程中，需要充分考虑我国的国情和发展需求。不同国家和地区的水资源状况、经济发展水平和文化习惯等存在差异，因此在吸取国际经验的同时，也需要灵活运用和适应国际标准和规范，使其与我国的国情相符。

总的来说，推动国际标准和规范的对接是水利工程管理与水利经济发展的必由之路。通过与国际接轨，我国水利工程管理与水利经济发展能够更好地适应全球化的发展趋势，提升工程质量和经济效益，推动我国水利事业的可持续发展。

（四）加强国际创新合作和技术转移

在推动水利工程管理与水利经济发展的过程中，加强国际创新合作和技术转移显得尤为重要。国际合作可以为我国水利工程管理和水利经济发展提供更多的发展机遇和思路。在现今全球化的时代，各国之间的经验交流和合作已成为常态，只有加强国际合作，我国水利工程管理与水利经济发展才能更上一层楼。

国际创新合作可以帮助我国吸取国际先进技术和管理经验，从而提高水利工程的设计、建设和管理水平。同时，技术转移也可以促进我国水利工程管理的创新和升级，使其更加适应国内外市场需求和经济发展的要求。

在加强国际创新合作和技术转移的同时，我国也需要保护自己的创新成果和核心技术，防止技术外流和侵权行为。建立健全的知识产权保护机制，加强技术创新和转移的管理，才能更好地推动水利工程管理与水利经济发展。

总的来说，加强国际创新合作和技术转移是推动水利工程管理与水利经济发展的必然选择。国际间的合作与交流可以带来更多的发展机遇和创新思路，同时也可以提高我国水利工程管理的水平和效益，为实现可持续发展打下坚实基础。希望我国在未来能够更加重视国际合作，加大力度推动水利工程管理与水利经济发展的协同发展，实现共赢局面。

二、推进"一带一路"合作与共赢发展

（一）发挥"一带一路"倡议对水利工程管理和水利经济发展的促进作用

"一带一路"倡议作为中国提出的重要战略，旨在通过推动基础设施建设和经济合作，促进世界各国的共同发展。在水利工程管理和水利经济发展方面，这一倡议也起到了积极的促进作用。

通过"一带一路"倡议，中国与沿线国家开展了广泛的水利合作，推动了水资源的共享与开发。借助倡议框架，水利工程管理经验和技术得以交流和分享，为各国解决水资源开发利用难题提供了新思路和方法。同时，通过合作共赢的方式，提高了沿线国家水利工程管理的水平，促进了水利经济的可持续发展。

"一带一路"倡议的推进，也为水利经济发展提供了更加广阔的市场空间和合作机会。不仅可以促进水利设施建设和技术装备的输出，还可以推动水利工程管理与水利经济的深度融合，实现经济增长和生态环境保护的良性循环。通过加强国际合作与交流，各国可以共同应对气候变化和水资源安全等挑战，实现水利工程管理与水利经济发展的协同发展。

发挥"一带一路"倡议对水利工程管理和水利经济发展的促进作用，需要不仅注重在沿线国家开展水利项目合作，还要加强政策沟通、技术创新和人才交流，实现利益共享和风险共担。只有通过合作与协调，才能推动水利工程管理与水利经济发展取得更加稳健和可持续的发展。希望在"一带一路"倡议的引领下，水利工程管理和水利经济发展能够蓬勃发展，为全球水资源治理和可持续发展贡献中国智慧和力量。

（二）加强"一带一路"国际合作项目实施

为了加强"一带一路"国际合作项目的实施，我们需要进一步加强合作伙伴间的沟通和协调。通过建立更加高效的合作机制，可以提高项目的实施效率和质量。加强信息共享和风险管理，可以减少项目实施中的不确定因素，保障项目顺利进行。加强资金和技术支持，可以增强参与国对项目的信心和支持力度。

与此同时，我们还需要不断探索创新的合作模式和机制，促进项目的可持续发展。例如，可以通过引入第三方合作伙伴来共同推动项目的实施，实现资源共享和优势互补。同时，也可以通过开展联合研究和培训，提升参与国在水利工程管理和水利经济发展领域的整体能力和水平。

在推进"一带一路"国际合作项目实施过程中，还要注重项目的环境和社会

责任。我们需要确保项目的可持续性，促进当地社区的参与和共享，推动项目对当地经济和社会的积极影响。同时，也要加强对项目的监督和评估，及时发现和解决问题，确保项目实施的顺利进行和取得预期效果。

综合以上措施，可以推动"一带一路"国际合作项目的实施，促进水利工程管理和水利经济发展的协同发展。通过有效的合作与共赢，可以实现工程质量与经济效益的提升，推动整个水利领域的可持续发展。愿我们共同努力，共同开创更加美好的水利未来！

（三）推进"一带一路"沿线国家水利工程管理与水利经济发展的合作机制

在推进"一带一路"沿线国家水利工程管理与水利经济发展的合作机制方面，首先需要加强跨国合作，促进水利工程相关技术、经验和资源的共享。通过国际合作，不仅可以提高水利工程管理的水平，还能够促进水利经济的发展，实现合作共赢。

应该加强政策沟通和协调，建立起多边和双边的合作机制。通过制定共同的政策和标准，统一各国水利工程管理的规范和流程，提升合作的效率和实施的效果。

还需要加强人才培养和交流，建立起人才合作的平台。通过培养专业化、国际化的水利工程管理人才，促进技术的交流和创新，推动水利工程管理与水利经济发展的协同发展。

同时，要积极倡导绿色发展理念，促进可持续水资源利用和生态保护。在推进"一带一路"沿线国家水利工程管理与水利经济发展的合作机制中，应该注重生态环境的保护，避免过度开发和污染，确保水资源的可持续利用和生态平衡。

总的来说，推进"一带一路"沿线国家水利工程管理与水利经济发展的合作机制是一个长期而复杂的过程，需要各国共同努力，建立起多层次、多领域的密切合作关系，实现互利共赢、可持续发展。愿我们共同努力，共同进步，为推进水利工程管理与水利经济发展贡献力量。

三、拓展多边合作与共享成果

（一）加强国际组织间合作

加强国际组织间的合作是推动水利工程管理与水利经济发展的重要途径之

一。当前，世界各国都在面临水资源管理与利用方面的共同挑战，需要通过国际组织间的合作来共同应对。通过加强国际组织间的合作，可以促进各国在水利工程管理和水利经济发展方面的经验交流和资源共享，加速技术创新与成果推广。

加强国际组织间的合作可以促进全球水资源管理与利用的标准化和规范化。通过制定统一的标准和规范，可以促进水利工程建设、管理和运营的效率和效果，推动水利经济发展的可持续性和可预测性。

加强国际组织间的合作可以推动水资源的跨界合作与共享。跨界水资源管理是当前全球水资源管理的重要议题之一，各国需要在跨界水资源管理方面加强协调与合作，通过国际组织的桥梁作用，促进各国在跨界水资源管理方面的有效合作与共享成果。

加强国际组织间的合作还可以促进全球水资源管理与利用技术的创新与进步。在当前科技迅速发展的背景下，国际组织可以为各国提供技术创新与转移的平台，促进各国在水利工程管理和水利经济发展方面的技术交流与合作，推动全球水资源管理与利用的技术水平的提升。

加强国际组织间的合作是推动水利工程管理与水利经济发展的重要途径，各国应该加强合作，共同应对全球水资源管理与利用的共同挑战，促进全球水资源管理与利用的可持续性与可预测性。

（二）推动多边合作项目开展

在当前全球化背景下，多边合作项目已成为推动水利工程管理与水利经济发展的重要方式之一。通过多边合作，各国可以共同制定规范和标准，分享先进技术和经验，实现资源共享和风险共担。然而，要想推动多边合作项目的开展并取得实质性成果，仍需面临诸多挑战。

多边合作项目需要各国政府和相关方共同参与和支持。需要建立稳定而高效的合作机制，明确协作责任和权利，以确保合作项目的顺利进行。项目的资金和技术支持也是推动多边合作项目的关键因素。各国应加强国际间资金和技术的交流与共享，共同应对水利工程管理和水利经济发展中的挑战和难题。多边合作项目需要在法律和政策层面保障各方的合法权益和利益分配。建立规范的法律框架和政策支持，可以有效避免合作过程中的纠纷和冲突，确保合作项目的顺利实施。

在推动多边合作项目开展的过程中，需要各国政府、科研机构、企业和社会各界携手合作，共同推动水利工程管理与水利经济发展取得新的突破和进步。只有通过多边合作，才能实现水资源的可持续利用和管理，推动水利工程管理水平和水利经济发展效益的提升，为全球水资源安全和可持续发展作出更大的贡献。

（三）建立国际水利工程管理与水利经济发展共享平台

在当前全球化趋势下，各国之间的合作与交流日益频繁，水利工程管理与水利经济发展需要建立一个国际共享平台，以促进更广泛的合作与交流。这一共享平台可以为不同国家提供一个开放的交流空间，让各方可以分享最新的技术、经验和资源，共同探讨如何推动水利工程管理与水利经济发展。

在建立这一共享平台的过程中，可以通过举办国际水利工程管理与水利经济发展的论坛、会议、研讨会等活动，邀请来自世界各地的专家学者和从业人员一起分享各自的研究成果和实践经验。同时，可以开展国际合作项目，共同解决水资源管理与利用中的难题，提高水利工程的效率和水利经济的发展水平。

建立国际水利工程管理与水利经济发展的共享平台还可以促进多边合作与共享成果。通过多方参与、共同努力，可以实现资源的共享与优势互补，提高整体水利工程管理与水利经济发展的水平。同时，也可以加强国际间的合作与交流，推动全球水资源的可持续利用与发展。

总的来说，建立国际水利工程管理与水利经济发展的共享平台是实现更高水平发展的必要途径之一。通过国际合作与共享，可以推动各国之间水资源管理与利用的交流与合作，促进水利工程管理与水利经济发展的协同发展，实现更好的社会经济效益和环境效益。因此，我们应该积极倡导并推动建立这样一个平台，为全球水利工程管理与水利经济发展注入新的活力与动力。

第七章 结论

水利工程管理与水利经济发展的紧密联系，需要加强综合协调，促进水资源的可持续利用和经济的繁荣发展。

第一节 水利工程管理对水利经济发展的重要性

一、水利工程对水资源的调配和利用

（一）提高水资源利用效率

为提高水资源利用效率，首先需要采取技术手段。一方面，应加大对水利设施的投入和更新，提高设施的运行效率，减少水资源的浪费。另一方面，可以借助现代信息技术，建立水资源监测和管理系统，实现对水资源的实时监控和有效管理，及时发现和解决问题，提高水资源利用的精细化水平。

管理方式也是提高水资源利用效率的关键。建立健全水资源管理制度和标准，强化水资源的综合规划和管理，推动水资源的合理配置和利用。同时，鼓励建立水权交易市场，推动水资源的市场化配置，提高资源利用效率。

政策支持是推动水资源利用效率提升的重要保障。政府应出台相关政策和法规，加大对水资源节约利用的扶持力度，引导企业和个人节约用水，鼓励采用节水技术，规范水资源利用行为。同时，建立健全水资源权益保护机制，保障水资源的可持续利用，推动水利经济的健康发展。

当前水资源利用存在着诸多问题和难点，如地区性水资源短缺、水资源污染严重、水资源配置不均衡等。为解决这些问题，需要加强水资源管理和保护，推动绿色发展理念，提高全社会的水资源利用效率，促进水利经济的可持续发展。

加强水资源利用效率是当前水利工程管理与水利经济发展的重要任务。只有通过技术手段的推动、管理方式的革新和政策支持的保障，才能实现水资源的可持续利用和水利经济的繁荣发展。希望在各方共同努力下，能够实现水资源的有效管理和利用，为我国水利事业的发展做出更大的贡献。

（二）保障农业灌溉用水

保障农业灌溉用水，是水利工程管理中的一个重要方面。农业灌溉用水是农业生产的基础，直接关系到粮食生产和农民的生计。如果灌溉用水不足或不稳定，将导致农作物减产或枯死，严重影响农业生产和粮食安全。因此，保障农业灌溉用水是水利工程管理中不可忽视的任务。

在实际工作中，保障农业灌溉用水需要从多个方面进行管理和调节。需要建立健全的水资源调度制度，合理安排水资源利用，确保农业用水需求得到满足。需要加强水利工程设施的建设和维护，提高水资源利用的效率，减少水资源的浪费。同时，还需加强农民的水资源利用意识和管理能力培训，鼓励他们采取节水灌溉技术，提高水资源利用效率。

除了以上措施，政府部门和相关机构还需要加大对农业灌溉用水的监测和调控力度，确保农业用水的公平分配和合理利用。同时，需要加强农业水权制度建设，明确农民的用水权益，保障他们正当的水资源利用需求。

保障农业灌溉用水不仅仅是一项技术问题，更是一项涉及经济、社会和生态等多方面的综合性工程。只有通过加强水利工程管理，保障农业灌溉用水的稳定和充足，才能促进农业生产的持续发展，促进水利经济的繁荣发展。希望在未来的工作中，能够更好地解决农业灌溉用水的问题，为水资源的可持续利用和经济的繁荣发展做出更大的贡献。

（三）支持城市用水需求

水利工程的建设与管理对于支持城市的用水需求至关重要。随着城市化进程的加快，城市用水需求不断增长，因此，必须通过有效的水利工程管理来保障城市居民的生活用水需求。水利工程的建设不仅涉及到供水系统的规划和建设，还包括排水系统、水处理设施等方面，这些都是支持城市用水需求的重要基础。

在城市用水需求增长的背景下，水利工程管理需要更加科学地规划和实施。通过科学合理的水资源管理，可以实现对城市用水需求的有效支持。同时，水利工程建设要注重节约用水和提高水资源利用效率，通过建设先进的供水设施和管理系统，可以更好地满足城市居民生活用水的需求。水利工程管理还需要关注水资源的可持续利用，避免过度开采和污染，确保城市用水需求的长期稳定供应。

除了满足城市居民的生活用水需求，水利工程管理还与城市经济发展密切相关。城市用水不仅涉及到居民生活，还涉及到工业生产、农业灌溉等多个方面。有效的水利工程管理可以促进城市产业的发展，提高城市经济的竞争力。因此，加强水利工程管理不仅可以满足城市用水需求，还可以推动城市经济的发展。

水利工程管理与水利经济发展密不可分，需要加强协调与管理，以支持城市用水需求的持续增长。只有通过科学规划和有效管理，才能实现水资源的可持续利用和城市经济的繁荣发展。在未来的发展中，水利工程管理将继续发挥重要作用，为城市的可持续发展提供坚实支撑。

（四）防洪抗旱

水利工程管理在防洪抗旱方面发挥着至关重要的作用。对于防洪来说，水利工程可以通过修建堤坝、河道整治等措施，提高江河水道的排水能力，减少洪水对周边地区的危害。同时，水利工程还可以通过加强对河流的监测和预警系统，及时发现汛情变化，做出及时应对，最大限度地减轻洪水灾害的影响。

在抗旱方面，水利工程也发挥着不可替代的作用。通过修建水库、引水灌溉等措施，可以有效储存雨水资源，保证农田和城市的用水需求。水利工程还可以通过良好的灌溉管理，提高农田灌溉水利用效率，减少水资源的浪费。

然而，水利工程管理也存在一些难题和挑战。例如，一些地区水利设施老化严重，管理不善，导致防洪效果不佳，水资源利用效率低下。同时，在水利工程建设过程中，也面临着生态环境保护、土地资源利用等多方面的问题，需要综合考虑，构建生态友好和可持续发展的水利工程管理模式。

要实现水利工程管理与水利经济发展的良性循环，需要政府、企业和社会各方共同努力。政府应加强水利规划和管理，提高水利工程建设的科学性和可持续性；企业应加强技术创新和管理能力提升，提高水利工程建设和运营效率；社会应加强水利宣传和教育，营造良好的水利管理氛围。

水利工程管理与水利经济发展密不可分，只有加强综合协调，促进水资源的可持续利用和经济的繁荣发展，才能实现水利工程管理的有效运行和水利经济发展的可持续性。愿我们共同努力，建设更加美好的水利工程管理与经济发展新时代！

（五）生态环境保护

为了保护生态环境，水利工程管理必须注重生态环境的保护与修复。在水利工程建设中，应该充分考虑生态环境的保护和生态系统的平衡，避免破坏生态系统的稳定性，减少对生态环境的影响。同时，在水利工程管理过程中，应该采取科学的措施，加强生态环境保护工作，保护水体的清洁和生态平衡。

对于已经建成的水利工程，也应该加强管理与维护工作，确保水利设施的正常运行，避免因水利工程失修而对生态环境造成影响。同时，通过科学管理手段，促进水资源的合理利用，实现水资源的高效利用和可持续发展。

在水利经济发展的过程中，需要审慎考虑和权衡生态环境与经济发展之间的关系，不能仅仅追求经济增长而忽视生态环境的保护。水利工程管理应该注重生态环境的保护，实现生态环境与经济发展的良性循环，推动经济的绿色发展。只有保护生态环境，才能保证水资源的可持续利用和经济的可持续发展。

水利工程管理与水利经济发展之间存在着密切的联系，需要充分考虑生态环境保护的重要性。通过加强水利工程管理，促进水资源的可持续利用和经济的繁荣发展，实现生态环境与经济发展的双赢。希望相关部门和社会各界能够共同努力，共同推动水利工程管理与水利经济发展取得更加可喜的成果。

二、水利工程对经济产值的贡献

（一）增加农业产值

水利工程的建设和管理不仅可以提高农业产值，还可以改善农业生产条件，保障农业生产的顺利进行。通过合理规划和使用水利工程，可以提高农田的灌溉效率，减少作物的缺水和涝灾害，提高农作物的产量和质量。同时，水利工程也可以改善土壤质量，促进农作物的生长发育，使农田生产效益得到提升。

除了直接影响农业产值外，水利工程还可以间接促进经济的发展。农田灌溉不仅可以增加农产品供应量，还可以提高农产品的品质和市场竞争力，带动农业产业链的发展。同时，农村地区的水利工程建设也可以促进农村经济的多元化发展，带动农民增收致富，促进农村经济的繁荣。

水利工程的建设和管理还可以改善农田生态环境，保护水资源，减少水土流失和污染，提高生态系统的稳定性和抗风险能力。通过有效的水资源管理和利用，可以实现生态经济的可持续发展，推动整个社会经济的绿色转型，实现资源的有效利用和循环利用。

因此，水利工程管理与水利经济发展紧密相关，要积极推进水利工程建设和管理，加强水资源的综合利用，实现水利经济的可持续发展，促进经济的繁荣和社会的稳定。水利工程的重要性不言而喻，应该引起政府和社会的高度重视，并制定相应的政策和措施，加强水利工程建设和管理，为国家经济的可持续发展做出贡献。

（二）支撑工业发展

水利工程管理不仅对农业生产和人民生活起着至关重要的作用，同时也对工业发展起着支撑作用。随着经济的快速增长和城市化进程的加快，工业对水资源的需求也在不断增加。水利工程提供的工业用水能够满足工厂生产、冷却和清洁等方面的需求，为工业发展提供了坚实的基础。

在水利工程管理的支持下，大型水库、水电站等水利设施的建设不仅能够为工业提供稳定的供水和用水服务，还能够为工业生产提供清洁的能源。水利工程的发展还可以促进工业结构的优化和转型升级，推动工业与环境的协调发展，引领工业向着高质量发展的方向迈进。

除了提供稳定的水资源供应，水利工程管理还可以通过降低工业用水的成本，提高资源利用效率，减少对环境的破坏等方式支持工业发展。水利工程管理的科学规划和有效运行可以有效地调节水资源的分配，优化水资源利用结构，提高水资源利用效率，促进工业生产的健康发展。

在实现水利工程管理与工业发展的良性互动的过程中，需要政府、企业和社会各界共同合作，加强协调和沟通，制定科学的政策和措施，推动水利工程管理与工业发展取得更好的效益。只有在水利工程管理得到良好的发展和运行的基础上，水资源才能得到有效的保护和利用，为工业发展提供可靠的支持，实现经济的繁荣和社会的可持续发展。

水利工程管理作为支持工业发展的重要手段之一，不仅可以提供稳定的水资源供应，还能通过降低工业用水成本、提高资源利用效率、减少环境破坏等方式促进工业向着高质量发展的方向迈进。在工业生产中，科学规划和有效运行的水利工程管理可以优化水资源利用结构，调节水资源的分配，提高水资源利用效率，为工业创造良好的生产条件。

政府、企业和社会各界的共同合作是实现水利工程管理与工业发展良性互动的关键。各方需加强协调和沟通，共同制定科学的政策和措施，推动水利工程管理与工业发展取得更好的效益。只有通过合作与努力，水利工程管理才能得到良好的发展和运行，从而实现水资源的有效保护和利用，为工业发展提供可靠的支持。

在实践中，水利工程管理需要不断创新和完善，适应经济社会发展的需要。通过引入先进技术和管理理念，提高水利工程管理的智能化和信息化水平，提升整体管理效能，为工业发展提供更加强有力的支撑。同时，注重生态环境保护，在水利工程管理中要注重生态环境的综合考虑，保护水资源生态环境，实现水资源可持续利用，促进工业发展和生态环境的协调发展。

水利工程管理对于支持工业发展具有重要的意义，只有不断完善和发展水利工程管理，才能更好地满足工业生产对水资源的需求，实现工业发展与水资源保护的双赢局面。愿我们共同努力，推动水利工程管理向着更加科学、高效、可持续的方向不断发展，为工业发展提供坚实的基础和保障。

（三）促进城市经济繁荣

在现代社会中，水利工程管理在促进城市经济繁荣方面发挥着不可或缺的作用。随着城市化进程的加快，城市对于水资源的需求也日益增长。合理规划、建设和管理水利工程，不仅可以保障城市居民的生活用水需求，还能够促进城市产业发展和经济增长。

水利工程的规划建设需要充分考虑城市发展的需求，以及环境保护和资源节约的原则。通过合理配置水资源，可以有效地支持城市的产业发展和城市基础设施建设。同时，水利工程的管理也需要不断优化和提升，以确保水资源的有效利用和保护。

通过水利工程的科学规划和管理，可以有效提高城市的水资源利用效率，降低生产成本，促进产业结构的优化升级。水利工程的完善还可以改善城市环境，提升城市整体竞争力，吸引更多的投资，并创造更多的就业机会，进而推动城市经济的繁荣发展。

同时，城市经济的繁荣也需要与水利工程管理紧密配合，共同推动水资源的可持续利用和经济的可持续发展。只有在水利工程管理和城市经济发展相互协调、相互促进的过程中，才能实现城市经济的健康稳定增长。

水利工程管理与水利经济发展的紧密联系，对于城市经济的繁荣发展至关重要。通过加强水利工程管理的科学规划和有效实施，可以有效提升城市水资源利用效率，促进城市经济的繁荣发展，实现水资源的可持续利用和经济的可持续发展。

（四）促进旅游业发展

水利工程管理不仅对水资源的合理利用和经济的发展有着重要作用，同时也对旅游业的发展起到关键性的推动作用。随着社会和经济的发展，人们对旅游休闲的需求不断增加，而水利工程的建设和管理为旅游业提供了重要的支持和保障。

水利工程的建设能够改善当地的生态环境，增加了旅游目的地的吸引力。例如，修建水库和水渠可以改善周边水资源供给，保证当地旅游业的正常运转；修建水利设施也可以美化景观，提升旅游胜地的观赏性和吸引力。这些都有利于吸引更多的游客，推动旅游业的发展。

水利工程的管理对于旅游业的可持续发展至关重要。通过合理的水资源调度和利用，可以保证旅游景点的水源充沛，保持景区生态环境的良好状态，提供更好的旅游体验，吸引更多游客。同时，科学的水利管理也可以避免水资源的过度开采和污染，确保水资源的可持续利用，为旅游业长期发展奠定坚实基础。

总的来说，水利工程管理与水利经济发展密不可分，而水利工程的建设和管理又与旅游业发展息息相关。加强水利工程管理，不仅可以促进水资源的合理利用和经济的繁荣发展，也能推动旅游业的发展壮大，实现经济效益和社会效益的双赢。因此，需要在各方面加强协调与合作，推动水利工程管理与旅游业的良性互动，为实现可持续发展目标做出更大的努力。

（五）改善区域经济结构

水利工程管理对水利经济发展的重要性在于能够有效推动水资源的合理开发和利用，提高水资源利用效率，促进农业、工业和城市的可持续发展，从而实现经济社会的全面发展。水利工程不仅直接影响着水资源的供应和利用，还对区域经济结构起到重要的支撑作用。通过水利工程的规划建设和科学管理，能够改善区域土地利用结构，提高农田灌溉效率，增加农作物产量，促进农业现代化发展，进一步推动整个区域的经济增长。

水利工程作为基础设施建设的重要组成部分，不仅提供了稳定的水资源保障，还为当地产业发展提供了有力支撑。水利工程的建设和管理能够有效调控水资源的分配和利用，保障农田灌溉和城市供水，促进生产生活的持续发展。同时，水利工程的运行维护也为当地创造了就业机会，促进了社会稳定和和谐发展。

改善区域经济结构是水利工程管理的重要目标之一。通过规划和建设水利工程，可有效调整区域生产结构，提高农业生产水平，促进工业和服务业的发展，实现产业结构的优化和产业协同发展。水利工程的管理还能够带动当地经济的快速增长，实现区域经济的跨越式发展，为经济结构的调整和优化提供有力支持。

水利工程管理对水利经济发展的重要性不容忽视。通过加强水利工程管理，改善区域经济结构，推动水资源的可持续利用和经济的繁荣发展，才能实现经济社会的可持续发展目标。希望未来能够加强水利工程管理，促进水利经济的健康发展，实现经济社会的全面进步。

三、水利工程管理对人民生活的影响

（一）改善水质水环境

水质水环境的改善是当前重要的任务之一，水利工程管理在其中扮演着重要的角色。通过科学的管理和技术手段，可以有效提升水质水环境的整体水平，进而保障人民的饮用水安全和生态环境的可持续性发展。水利工程管理的创新和进步不仅可以在一定程度上改善水质水环境，还可以为水利经济的发展创造更为稳定和可靠的基础。水质水环境的改善不仅关乎人民生活品质，更是推动经济社会全面发展的重要支撑。水利工程管理的进步将为水质水环境带来更好的保护和改善，从而为人民生活和经济的长期发展提供有力的支撑。

（二）提高人民生活水平

水利工程管理对水利经济发展的重要性在提高人民生活水平方面起着至关重要的作用。水利工程管理不仅能够有效地提高水资源的利用效率，保障农田灌溉和城市供水的正常运行，还能够推动农业生产和工业发展，为人民提供更加丰富的物质财富。通过科学合理的水利工程管理，可以有效地解决水资源短缺和水污染等问题，提高水资源的可持续利用率，推动经济的不断繁荣和社会的持续发展。水利工程管理对人民生活的影响不仅体现在水资源的利用和保护方面，更重要的是改善了人们的生活环境，提高了人民的生活质量。水利工程管理的发展促进了农村地区的农业生产，改善了农民的生活水平，也为城市居民提供了更加优质的生活水源，提高了城市居民的生活品质。通过加强水利工程管理，不仅可以提高人民的生活水平，还可以促进社会的全面发展和进步，实现经济的繁荣和社会的稳定。

高效的水资源利用和科学的水利工程管理不仅可以改善人们的生活环境，提高生活质量，还可以为农业生产和工业发展提供更强大的支持。在农村地区，良好的灌溉设施和水资源保障，可以增加农作物的产量，提高农民的收入水平，促进农业现代化的发展。而在城市中，可靠的供水系统和清洁的饮用水源，可以保障居民的生活所需，提高城市的宜居性和吸引力。

水利工程管理的发展还能有效地缓解地区水资源短缺的问题，降低水污染的风险，保护生态环境的稳定。通过科学合理的水资源规划和管理，可以提高水资源的可持续利用率，推动经济的不断繁荣和社会的持续发展。水利工程管理还可以有效地减少自然灾害对人民生活的影响，提高社会的安全性和稳定性。

水利工程管理的发展也为人民提供了更多的就业机会和创业空间，促进了整个社会的就业和经济增长。水利工程管理行业的不断壮大和完善，为社会培养了大批专业人才，提高了人民的整体素质和技术水平，促进了社会的进步和发展。

水利工程管理的发展不仅能提高人民的生活水平，还能推动经济社会的进步和稳定发展。随着我国水利工程管理的不断完善和深化，相信将为人民提供更加美好的生活条件和发展空间。

（三）增强人民幸福感

水利工程管理与水利经济发展的紧密联系是不可忽视的，只有加强综合协调，促进水资源的可持续利用和经济的繁荣发展，才能更好地实现国家的发展目标。水利工程管理对水利经济发展的重要性不言而喻，它直接影响着人民生活的方方面面。通过有效管理水资源，我们不仅能够提高水利工程的效率和安全性，还能促进经济的增长，为广大人民群众创造更好的生活条件。

水利工程管理的重要性还体现在对人民生活的影响上，水资源作为生命之源，是人类生存和发展不可或缺的重要资源。通过科学合理地规划和管理水利工程，我们能够有效防止水灾和干旱等自然灾害的发生，保障人民的生命和财产安全。同时，水利工程的完善也为人民提供了更多的生产生活用水，改善了人民的生活质量。

增强人民幸福感是水利工程管理的终极目标，在保障水资源安全和提高生活水平的同时，我们更要注重人民的幸福感。只有让人民感受到水利工程管理带来的实实在在的好处，他们才会对国家水利事业更加认同和支持。因此，我们必须不断完善水利工程管理体系，提高管理水平，才能更好地满足人民对美好生活的向往，为人民幸福感的提升贡献力量。水利工程管理与水利经济发展的密切联系，不仅影响着国家的发展进程，更影响着每一个人民群众的生活幸福感。只有始终把人民的利益放在首位，不断完善水利工程管理，才能实现水资源的可持续利用和经济的繁荣发展。愿我们在水利工程管理的道路上不断前行，为人民群众创造更美好的生活。

（四）保障人民生存需求

水利工程管理在促进水利经济发展方面扮演着重要的角色。良好的水利工程管理不仅可以提高水资源的利用效率，还可以为水利经济的繁荣发展提供有力支持。同时，水利工程管理也对人民的生活产生着深远影响。通过科学规划和有效管理水利工程，可以更好地保障人民的生存需求，提高人民的生活质量。水是生命之源,水利工程管理的重要性不言而喻,它直接关系到人民的生存和发展。因此,我们必须加强水利工程管理,促进水利经济的发展,以实现可持续利用水资源和经济的繁荣发展。

(五)促进社会和谐稳定

水利工程管理对水利经济发展的重要性在于其直接影响着水资源的有效利用和经济的发展。同时,水利工程管理对人民生活也有着深远的影响。通过科学规划和有效管理水利工程,可以提高水资源利用效率,改善人民生活水平。水利工程管理的推进也有助于促进社会和谐稳定。只有加强综合协调,促进水资源的可持续利用和经济的繁荣发展,才能实现水利工程管理对水利经济发展和社会稳定的积极影响。

四、水利工程管理对生态文明建设的支持

(一)保护生态环境

水利工程管理在保护生态环境方面发挥着至关重要的作用。水利工程管理可以有效地保护水资源,确保水资源的合理利用。通过科学规划和管理,可以减少水资源的浪费和污染,从而保障水资源的可持续利用。水利工程管理可以改善生态环境,促进生物多样性的保护和生态系统的恢复。例如,修建水库可以改善当地的生态环境,提供栖息地和食物来源,促进生态平衡的维护。

水利工程管理还可以预防自然灾害,减少灾害对生态环境的破坏。例如,修建防洪工程可以减少洪灾对生态系统的危害,保护生态环境的稳定。水利工程管理的有效实施,可以有效地减少生态环境被破坏的可能性,保护生态系统的完整性和稳定性。

同时,水利工程管理也需要更多地关注生态环境的保护,促进生态平衡的维护。只有将生态环境保护纳入水利工程管理的全过程,才能真正实现水资源的可持续利用和生态环境的可持续发展。水利工程管理不能只关注经济效益,而忽视了生态环境的保护,否则将会导致生态环境的破坏和损失,最终影响水资源的可持续利用和经济的繁荣发展。

水利工程管理在保护生态环境方面的重要性不可忽视。只有加强水利工程管理,注重生态环境的保护和生态平衡的维护,才能实现水资源的可持续利用和经济的繁荣发展。希望通过对水利工程管理与水利经济发展的探究,能引起社会各界对生态环境保护的高度重视,共同促进生态文明的建设和可持续发展。

（二）促进生态经济发展

水利工程管理与水利经济发展的重要性不可忽视，它们之间密不可分。水利工程管理不仅能够提高水资源的利用效率，也能够为水利经济发展提供坚实的支撑。同时，水利工程管理也为生态文明建设提供了有力支持，为保护生态环境、实现可持续发展打下了坚实基础。促进生态经济发展，需要加强水利工程管理工作，实现水资源的综合利用，推动生态经济发展取得更大成就。

（三）增强生态保护意识

加强生态保护意识是实现可持续水利工程管理和促进水利经济发展的关键。保护水资源，保护生态环境，不仅是政府部门的责任，也是全社会共同的责任。只有通过全社会的共同努力，才能实现水资源的可持续利用，保障生态环境的持续改善。因此，提高生态保护意识，强化环境保护法律、政策的执行力度，是水利工程管理和水利经济发展的基础。

同时，应当加强水资源的监测和评估工作，做好水资源的动态监测和预警预报工作，及时发现水资源的问题，并采取有效的管理措施。通过科学技术手段，实现水资源的智能化管理和高效利用，促进水利工程管理的效率和效益提升。同时，需要加强对水资源的节约利用和循环利用，推动水资源的可再生利用率提高，实现水资源的可持续利用。

除了加强对水资源的管理外，还需要注重生态环境的保护和修复工作。保护水源地、湿地等生态环境，促进生态系统的平衡发展，为水资源的可持续利用打下坚实的基础。同时，加强水生态文明宣传教育，提升全社会对生态环境保护的认识和意识，形成人人参与、人人尽责的生态保护责任意识。

增强生态保护意识是保障水利工程管理与水利经济发展良性循环的关键环节。只有坚定不移地推进生态文明建设，保护好水资源和生态环境，才能实现水利工程管理的可持续发展，促进水利经济的繁荣发展。希望广大社会各界人士共同努力，为构建美丽中国、建设生态文明贡献力量。

（四）推动绿色发展

水利工程管理在推动绿色发展方面发挥着重要作用。随着社会经济的快速发展和人口的增长，水资源的有效利用已成为当今世界面临的重要挑战之一。水利工程管理通过科学规划和有效控制水资源的开发和利用，可以实现资源的节约利用，提高利用效率，减少水资源浪费，推动绿色发展。同时，水利工程管理还能够保护生态环境，维护生态平衡，促进生态文明建设。

在当今世界各国都在积极推动可持续发展的背景下，水利工程管理的作用尤为重要。例如，通过加强水资源监测和管理，提高水资源利用效率，推动水资源的循环利用等措施，可以有效减少水资源的消耗，降低对自然水资源的压力，为经济的可持续发展提供支持。水利工程管理还可以促进节能减排，推动清洁能源的开发利用，促进绿色低碳发展。

值得注意的是，推动绿色发展对水利工程管理提出了更高要求。水利工程管理需要注重生态保护，加强环境保护意识，推动生产生活方式向更加环保、低碳、可持续的方向转变。同时，水利工程管理还需要进行技术创新，加大科研力度，推动绿色技术的应用，提高水资源利用效率，减少对环境的影响，实现可持续发展的目标。

因此，水利工程管理与水利经济发展之间的联系密不可分，需要加强协调合作，共同推动绿色发展，实现水资源的可持续利用和经济的繁荣发展。希望各国政府、企业和社会各界能够共同努力，共同推动绿色发展，为建设美丽家园、推动经济发展和社会进步做出更大贡献。

五、水利工程管理对可持续发展的重要性

（一）实现经济社会可持续发展

随着经济社会的不断发展，水资源的管理和利用已经成为当前最重要的问题之一。水利工程管理对水利经济发展起着至关重要的作用。水利工程管理不仅关乎水资源的有效利用，还关乎经济社会的可持续发展。

水利工程管理对可持续发展的重要性体现在其能够提高水资源的利用效率和减少浪费。通过科学合理的规划和管理，可以有效保障水资源的供应，并有效应对气候变化等自然灾害带来的影响。同时，水利工程管理还可以通过优化水资源配置，促进区域经济的平衡发展，实现资源的可持续利用。

水利工程管理对经济社会可持续发展的重要性还体现在其能够促进相关产业的发展。水资源是生产生活的基础资源，水利工程管理的有效实施可以为农业、工业、城市供水等领域提供可靠的支撑。水利工程管理的科学规划和灵活应对能力，可以有效应对水资源的供需矛盾，保障相关产业的健康发展，从而推动经济社会的可持续发展。

总的来说，水利工程管理与水利经济发展密不可分，二者相辅相成。仅仅依靠水利工程的规划和建设是远远不够的，更需要加强对水资源的管理和调控，以

保障水资源的可持续利用和经济的长期繁荣。水利工程管理应该与经济社会发展相互配合，通过制定科学的政策和规划，不断推动水利工程管理水平的提升，进而促进经济社会的可持续发展。只有这样，才能更好地实现水资源的合理利用，推动经济社会的蓬勃发展。

（二）保护水资源可持续利用

水利工程管理在保护水资源可持续利用方面发挥着重要作用。通过科学合理规划和管理水资源，可以减少水资源浪费和污染，确保水资源的长期稳定供应。水资源是人类生存和发展的基础，而水利工程管理则是保障水资源的有效利用和保护的手段之一。

同时，水利工程管理也有利于提高水资源利用效率和水利经济发展的可持续性。通过合理利用水资源、加强节水措施和改进灌溉技术，可以实现水资源的合理配置和有效利用，从而促进农业、工业和生活用水的可持续发展。水利工程管理还可以提高灾害防治能力，减少自然灾害对水资源的影响，保障经济社会的稳定发展。

除了保护水资源的可持续利用，水利工程管理还需要考虑生态环境的保护和修复。水利工程建设和管理往往会对生态环境产生一定影响，如水库蓄水会影响下游生态系统的完整性，排放废水会污染水体等。因此，在进行水利工程管理时，需要充分考虑生态环境因素，采取相应的措施保护和修复受影响的生态系统，实现水资源管理与生态环境保护的协调发展。

总的来说，水利工程管理对保护水资源的可持续利用和促进水利经济发展具有重要意义。通过科学规划、有效管理和保护措施的实施，可以实现水资源的可持续利用和经济的繁荣发展。水利工程管理不仅是保障水资源安全的关键，也是实现经济社会可持续发展的重要保障之一。因此，我们需要不断加强水利工程管理，促进水资源利用效率的提高，实现水利经济发展与可持续利用的良性循环。

（三）促进生态环境可持续保护

水利工程管理在促进生态环境可持续保护方面起到了至关重要的作用。通过科学合理的水资源规划、管理和利用，可以有效地保护和改善生态环境，实现生态资源的可持续利用。水利工程管理不仅能够提高水资源利用效率，减少水资源浪费，还能够保护水环境，改善水质，维护生态平衡。在水利项目的规划和建设过程中，要充分考虑生态环境保护的需求，注重生态环境保护和水资源可持续利用的相互促进，确保水资源的合理开发利用和生态环境的持续改善。

另一方面，水利工程管理还能够通过水资源配置的合理调配，减少自然灾害的发生，保护生物多样性，维护水生态系统的稳定。通过合理规划和管理水资源，可以有效地减少水灾、旱灾等自然灾害的发生，保护生态环境的稳定，维护生态系统的完整性和健康。因此，加强水利工程管理对生态环境可持续保护至关重要。

同时，水利工程管理还可以通过生态补偿等方式，推动生态环境可持续保护。通过建立健全的生态保护补偿机制，鼓励各方参与生态环境保护，推动生态资源的可持续利用，实现生态环境与经济社会的和谐发展。通过生态保护补偿，可以有效地激励各方参与生态环境保护，促进生态环境的改善与保护，实现生态环境可持续保护的目标。

水利工程管理与水利经济发展的紧密联系，对促进生态环境可持续保护起到了重要作用。要加强综合协调，推动水利资源的可持续利用和经济的繁荣发展。只有注重生态环境的保护，才能实现水资源的可持续利用，实现经济社会的可持续发展。

（四）维护社会稳定与和谐

水利工程管理是保障国家水资源可持续利用的重要环节，也是促进水利经济发展的关键因素。在当前社会中，水资源的稀缺性和环境问题日益凸显，而水利工程管理的规范与有效执行，可以有效保障水资源的平衡利用，推动水利经济的发展。

水利工程管理对于可持续发展的重要性不言而喻。水是生命之源，是任何经济社会活动的基础。随着人口的增长和工业化进程的加快，水资源需求不断增加，而水资源面临着日益加剧的赤字与污染的挑战。只有通过科学合理的水利工程管理，并加强水资源的综合治理，才能保证人民生活用水安全、农业生产水平不断提高以及生态环境得到有效保护。

水利工程管理也直接影响到社会的稳定与和谐。在我国，水资源的分布不均，地区间有着明显的差异。因此，水资源的供给与管理牵动了整个社会的发展进程。合理分配水资源、提高水资源的利用效率是维护社会稳定与和谐的重要保障。只有通过水利工程管理的规范落实，实现水资源的公平分配，才能确保各地区间的协调发展，促进社会的长期稳定。

因此，水利工程管理与水利经济发展的关系紧密，需要政府、企业和社会各界共同努力，加强协调合作，推动水资源的可持续利用和经济的繁荣发展。只有这样，才能真正实现水资源的可持续利用和生态环境的可持续发展，实现经济社会的全面发展。

第二节 水利工程管理的改革与创新

一、制度体系改革

（一）加强水资源管理体制建设

加强水资源管理体制建设，是当前水利工程管理的重要任务之一。在新时代背景下，水资源管理体制的建设不仅仅是单纯意义上的管理，更是为了推动水利经济发展，实现经济的繁荣和社会的可持续发展。通过改革现有制度体系，完善管理机制，加强监管力度，可以更好地保护水资源、优化水资源配置、提高水资源利用效率，从而推动水利经济的发展。

为了加强水资源管理体制建设，可以从多个方面入手。要完善相关法律法规，建立健全的法律体系，明确各方责任和权利，规范水资源管理行为，保障水资源的合理利用和保护。要加强监管机制，建立严格的监督检查制度，发现和处理水资源管理中的违法行为，确保水资源管理的合法性和公正性。要加强科技支撑，借助先进的技术手段，提高水资源管理的科学性和精准性，为水利经济发展提供有力支持。

在推动水资源管理体制建设的过程中，需要政府部门、企业机构和社会公众的共同参与。政府作为主要管理者和监管者，应当加大投入力度，加强组织协调，推动水资源管理体制的改革和完善。企业机构作为水资源的主要利用者，应当积极配合政府的管理工作，科学合理利用水资源，推动企业可持续发展。社会公众作为水资源管理的重要参与者，应当提高环保意识，节约用水，共同维护和保护好珍贵的水资源。

总的来看，加强水资源管理体制建设是实现水利工程管理和水利经济发展的重要途径之一。只有通过不断的改革和创新，加强相关制度和机制建设，才能更好地推动水资源的可持续利用，促进经济的繁荣发展。希望各方能够共同努力，为保护水资源、推动水利经济发展贡献自己的力量。

（二）完善水利工程审批制度

完善水利工程审批制度，对于水利工程管理和水利经济发展都具有重要的意义。只有建立健全的审批制度，才能有效规范项目建设流程，提高工程建设效率，确保工程质量和安全。同时，完善审批制度还可以减少不必要的行政审批环节，降低审批成本，促进投资者的积极性和参与度。水利工程审批制度的完善，能够为水利工程管理提供更加有力的支持，推动水利经济的可持续发展。

在完善水利工程审批制度的过程中，需要注重相关政策法规的制定和完善，建立科学合理的审批标准和流程，加强事前、事中和事后监管力度。同时，还需要加强信息公开和社会监督，提高审批的透明度和公正性，确保审批工作的规范和规范性。通过不断完善审批制度，可以更好地引导和规范水利工程建设，推动水利工程管理向更加科学、规范和高效的方向发展。

在当前社会经济发展的背景下，水利工程管理和水利经济发展之间的关系日益密切。只有加强综合协调，促进水资源的可持续利用和经济的繁荣发展，才能更好地满足人民群众对美好生活的向往，实现经济的高质量发展。水利工程管理必须与时俱进，不断改革创新，适应社会发展的需要，不断提升管理水平和能力，为水利经济的发展提供更加有力的支持和保障。

（三）推动水资源定价改革

推动水资源定价改革，是推动水利工程管理和水利经济发展的重要一环。水资源定价的合理性直接影响着水资源的利用效率和经济的发展状况。通过改革水资源定价机制，可以引导水资源的节约利用，优化水资源配置，推动水利工程管理的深入发展，促进水利经济的繁荣。同时，水资源定价改革还可以激励企业和个人更加重视水资源的保护和利用，增强社会责任感和环保意识。通过不断完善和调整水资源定价政策，可以实现水资源的可持续利用和水利经济的可持续发展。水资源定价改革是水利工程管理和水利经济发展的必然要求，只有不断推进改革，才能更好地实现水资源的综合管理和经济效益的提升。

二、技术创新推动

（一）推广水利节水技术

水利节水技术的推广是实现水利工程管理与水利经济发展紧密联系的重要举措之一。水资源的合理利用对于可持续发展至关重要。水利工程管理需要不断进行改革与创新，以适应社会经济的发展需求。技术创新是推动水利工程管理的关键，只有通过科技创新，才能更好地提高水资源利用效率，推动经济的发展。在当前的背景下，推广水利节水技术势在必行，这不仅有利于资源的节约利用，还可以促进水利经济发展的健康发展。因此，加强水利工程管理与水利经济发展的综合协调是当前亟需解决的问题，只有如此，才能实现水资源的可持续利用和经济的繁荣发展。

（二）发展智能水利工程

水利工程管理对水利经济发展的重要性是不可忽视的，它对可持续发展起着至关重要的作用。改革与创新是推动水利工程管理发展的关键，技术创新更是不可或缺的推动力量。发展智能水利工程是针对当前社会经济发展的需要，只有不断创新，提高智能水利工程的水平，才能更好地实现水资源的可持续利用和促进经济的繁荣发展。

（三）加强水利信息化建设

加强水利信息化建设，是实现水利工程管理与水利经济发展相互促进的重要举措。信息化建设通过整合各类数据和信息资源，提升水利工程管理的效率和水平，为水利经济发展提供重要支持。在信息化建设的基础上，水利工程管理可以更加科学、精细和智能化，使得水资源的开发利用更加合理和高效。同时，信息化建设可以提高水利工程的运行监测和风险管控能力，为水利工程的稳定运行和可持续发展提供坚实保障。

在推动水利信息化建设的过程中，需要加强数据采集和处理能力，不断完善信息平台和系统，构建全面、准确、及时的水利信息网络。同时，还要注重加强信息安全和保护，确保水利工程管理信息的机密性和完整性。通过加强水利信息化建设，可以实现水利工程管理的数字化、网络化、智能化，推动水利经济发展朝着更加科学、高效和可持续的方向发展。

（四）推进水利科技成果转化

水利科技成果转化的意义十分重大，可以有效促进水利工程管理和水利经济发展的紧密结合，推动水资源的可持续利用和经济的蓬勃发展。要推进水利科技成果的转化，就必须加强技术创新，改革现有的管理模式，实现水利工程管理的创新与升级。只有不断提升技术水平，将科技成果应用于实践中，才能更好地服务于水利工程管理及水利经济的发展。为此，我们需要深化科技与经济的结合，加强科技成果的转化和推广应用，将水利科技成果转化为实实在在的经济效益，推动水利经济的繁荣发展。

在推进水利科技成果转化的过程中，需要注重技术创新的推动作用，不断引入先进的科技理念和技术手段，开展创新性的科研工作，提高技术创新的水平和效率。通过技术创新，可以实现水利工程管理的现代化和智能化，推动水资源的高效利用和节约，促进水利经济的可持续发展。只有不断开展技术创新，不断完善管理体系，才能更好地适应社会发展的需求，推动水利工程管理与水利经济发展的良性循环。

在实践中，推进水利科技成果转化还需要关注改革创新，积极探索适合中国国情的水利工程管理模式，推动制度机制的创新和完善，不断提升管理水平和效率。只有改革创新，才能不断提高水利工程管理的质量和效益，推动水利经济的可持续发展。因此，要加强综合协调，促进水资源的可持续利用和经济的繁荣发展。愿我们共同努力，为推进水利科技成果转化，实现水利工程管理和水利经济的良性发展贡献力量。

三、资金保障机制完善

（一）加大对水利工程投入力度

水利工程管理对水利经济发展的重要性体现在，水利工程系统的建设和管理能够有效地实现水资源的调控和利用，为农业生产、城市供水、工业发展等提供坚实的支撑。同时，水利工程管理对可持续发展的重要性体现在，科学合理地规划和管理水资源能够保障水资源的可持续利用，维护生态平衡，促进环境的改善和经济的稳定增长。水利工程管理的改革与创新是推动水利经济发展的关键，只有不断完善管理体制、加强技术创新，才能适应日益复杂多变的水资源管理需求。资金保障机制的完善是确保水利工程管理正常运转的保障，只有确保资金到位，才能保证水利工程的建设及运行不受资金短缺的影响，提高水资源的利用效率。加大对水利工程投入力度，是加快水利工程建设的关键举措，只有通过加大投入力度，才能推动水利工程建设，实现水资源的有效利用，促进水利经济的持续发展。

（二）推动多元化资金投入

在水利工程管理中，资金的保障机制是至关重要的。推动多元化资金投入，可以更好地支持水利工程建设和管理，促进水利经济的发展。通过不断改革和创新，我们可以完善资金保障机制，确保资金的有效利用和持续投入。这样一来，我们就能更好地解决水利工程管理中的资金问题，推动水资源的可持续利用，并促进经济的繁荣发展。

（三）完善水利项目资金管理

在完善水利项目资金管理方面，首先需要明确资金来源。目前，水利项目的资金来源主要包括政府投入、社会资本和国际援助等多种渠道。应该建立统一的资金管理平台，明确资金来源的比例和使用范围，确保资金使用的透明度和规范性。

资金分配也是资金管理的关键环节。在资金分配方面，应该根据不同水利项目的需求和重要性进行科学合理的分配。重点支持那些具有重大战略意义和长远发展价值的水利工程项目，确保资金的有效利用和效益最大化。

资金使用是资金管理的核心问题。必须建立严格的资金使用制度和监督机制，加强对资金使用过程的监督和评估，防止资金浪费和滥用。同时，要加强对资金使用效果的评估和反馈，及时调整优化资金使用方案，确保水利项目的顺利进行和取得预期效果。

当前，我国水利项目资金管理存在着资金来源不清晰、资金分配不合理、资金使用不规范等问题。面对这些挑战，我们应该采取措施，加强资金管理制度和机制建设，提高资金使用效率和效益。可以通过建立水利项目资金专门管理机构，加强信息共享和监督检查，加大对水利项目资金管理的政策宣传和培训力度，提升水利项目资金管理的水平和质量。

总的来说，完善水利项目资金管理是促进水利工程管理与水利经济发展紧密结合的关键环节。只有通过加强资金管理，优化资金使用，确保资金的安全和有效利用，才能推动水利工程的建设和发展，实现水利经济的可持续发展和繁荣。希望通过大家的共同努力，我们能够更好地管理水利项目资金，推动水利工程管理的健康发展，为水利经济发展贡献力量。

（四）推动水利工程项目融资

水利工程项目的融资一直是一个关键问题，其所需资金巨大，但是面临着诸多困难和挑战。当前的融资渠道有限，主要依靠政府投资和银行贷款，缺乏多样化的融资来源。传统的融资方式单一，缺乏创新性，需要引入更多的市场机制和金融工具。现有的融资模式存在一定的风险，需要加强风险管理和监控。

为了解决这些问题，我们可以采取一系列措施来推动水利工程项目的融资。应积极引入社会资本，鼓励民营企业和社会资本参与水利工程建设，实现政府和市场的有效结合。可以发展绿色金融，鼓励银行和金融机构推出特色金融产品，支持水利工程项目融资。同时，还可以探索公私合作模式，建立起政府、企业和社会资本之间的合作机制，共同推动水利工程项目的融资。

需要进一步完善资金保障机制，建立起多元化的融资体系，为水利工程项目提供更多的融资选择。同时，还要加强风险管理，健全监管机制，确保投资者的利益得到有效保障，提高水利工程项目的融资效率和安全性。

推动水利工程项目融资是当前亟需解决的问题，需要政府、企业和社会资本共同努力，创新融资方式，拓宽融资渠道，提高融资效率，推动水利工程管理与水利经济发展取得更大的成就。愿我们共同努力，实现水资源的可持续利用和经济的繁荣发展。

第三节 水利工程管理与水利经济发展的未来展望

一、加强对水资源的管理与保护

（一）提高水资源利用效率

一方面，要加强对水资源的管理与保护。在当前全球水资源日益紧缺的情况下，必须优先考虑水资源的长期可持续利用。因此，需要建立健全的水资源管理制度，加强对水资源的监测、调度和保护。同时，要加强水资源的跨区域管理与协调，推动跨区域水资源的合理分配和利用，确保各地区的水资源得到充分利用。

另一方面，要提高水资源利用效率。目前，我国水资源利用效率仍然偏低，存在着重复建设、浪费现象严重的问题。为了提高水资源的利用效率，需要采取一系列的措施，包括推广水资源节约利用的技术，提高农业用水效率，加强城市水资源的管理与调度等。同时，还需要加强对水资源的综合管理，促进不同行业之间的协作，实现水资源的综合利用，提高水资源的利用效率。

未来，随着科技的进步和社会的发展，水利工程管理与水利经济发展将呈现新的发展态势。我们需要不断加强水利工程管理的改革与创新，推动水利经济的可持续发展。同时，要注重加强资金保障机制的完善，确保水利工程建设与管理的顺利进行。只有通过加强对水资源的管理与保护，提高水资源利用效率，才能实现水利工程管理与水利经济发展的双赢局面，推动我国水利事业的健康发展。

（二）促进水资源节约

在促进水资源节约方面，应该通过多方面的政策和措施来实现。首先是要加大对节水技术的推广和应用力度。通过技术创新，提高水资源利用效率，降低浪费，实现用水量的有效控制。应建立健全水资源定价机制，根据水资源的稀缺性和需求量，合理定价，引导市场需求，推动节水意识的普及和深化。

还需要加强水资源管理制度的建设和完善。建立健全的水资源管理部门和相关政策法规，明确水资源的权属和使用权限，加强对水资源的监管和保护，确保水资源的合理分配和有效利用。同时，要加强科研力量，推动水资源科技创新，提高水利工程的建设和管理水平，推动整个水利工程管理领域的发展。

目前，我国水资源节约仍面临着一些困难和挑战。一方面，由于农业、工业和生活用水需求不断增加，加之气候变化导致的干旱等自然因素，导致水资源紧缺问题日益严重。另一方面，当前我国的水资源管理体制还存在着一些缺陷和不足，如缺乏有效监管机制和严格的执法制度，导致水资源浪费和滥用现象仍然存在。

为了应对这些挑战，我们应该采取一系列有效的措施。加强水资源的管理与保护，建立健全的法律法规体系，严格控制水资源的开发利用行为，保护水资源的生态环境。加大对节水技术的研发和推广力度，提高社会各界对水资源节约的认识和重视程度，推动节水意识的深入人心。建立健全的水资源监测和评估体系，加强水资源利用的统一规划和管理，实现水资源的可持续利用和经济的繁荣发展。只有这样，才能有效促进水资源节约，推动水利工程管理与水利经济发展取得更加显著的成绩。

（三）推进水资源可持续利用

为了推进水资源的可持续利用，我们需要采取一系列的措施和政策。首先是建立生态补偿机制，通过对水资源的合理配置和生态环境的保护，实现生态效益和经济效益的统一。同时，加强水资源保护法规的制定和执行，严格监管水资源的开发和利用，确保水资源的可持续利用。

水资源监测评估工作也至关重要。通过建立定期监测水资源的系统，及时掌握水资源的变化情况，为制定合理的水资源管理政策提供科学依据。加强对水质和水量的监测评估，及时发现和解决水资源污染和过度开发等问题。

面对水资源可持续利用所面临的挑战和机遇，我们应该在政府、企业和社会各界的共同努力下，形成合力，共同推动水资源的合理利用和管理。同时，加强水资源管理人才的培养和引进，提高水资源管理的科学性和专业化水平。

未来，我们可以借鉴国外成功的经验和做法，不断完善水利工程管理和水利经济发展的体制机制，促进水资源的可持续利用和经济的健康发展。只有不断创新和改革，才能更好地应对水资源管理与保护的挑战，实现水资源的永续利用和经济的可持续发展。愿我们共同努力，建设水资源丰富、水环境优美的美好家园。

二、推进水利工程管理与经济发展的深度融合

（一）促进水利工程的多元化功能发挥

在促进水利工程的多元化功能发挥方面，我们需要从多个方面入手。首先是加强水资源的科学管理和利用，实现资源的合理配置和高效利用。其次是注重生态保护，保护水体生态环境，促进生态系统的平衡发展。同时，要加强农业灌溉，提高农田灌溉水利用效率，保障农业生产水平和质量。还应注重水土保持和防洪减灾工作，加强水利基础设施的建设和维护，确保水资源的安全稳定供应。

然而，实际推进水利工程的多元化功能发挥并不容易，存在一些现状和困难。现有的管理制度和政策落实不到位，导致资源的浪费和滥用；监管不严，导致环境污染和生态破坏问题严重；资金投入不足，导致水利工程建设和维护存在困难和滞后等。因此，需要采取一系列改进措施和建议，不断推动水利工程的多元化功能发挥。

要加强水资源管理和调度，建立健全的水资源管理制度，实行科学合理的水资源配置和节约利用。要加强生态保护，制定相关政策和法规，保护水体生态环境，促进生态系统的平衡发展。要推进农业灌溉技术和设施改造，提高农田灌溉水利用效率，实现农业生产效益最大化。要加大水土保持和防洪减灾工作力度，加强水利基础设施建设和管理，确保水资源的安全供应和可持续利用。

促进水利工程的多元化功能发挥是当前和未来的重要任务。只有加强综合协调，改善管理制度和政策，增加投入，实现水资源的科学管理和高效利用，才能促进水利工程管理与经济发展的深度融合，推动水利事业的健康发展。

（二）推动水利工程的智能化发展

智能化发展是推动水利工程管理与水利经济发展深度融合的重要手段之一。随着人工智能技术的不断进步，智能化在水利工程领域的应用也变得日益重要。人工智能技术可以帮助优化水资源的分配与利用，提高水资源利用效率，降低浪费。通过大数据分析，可以更准确地预测水资源的供需情况，有针对性地制定水资源管理策略，实现水资源的科学配置。

智能监测技术的应用也能有效提升水利工程的管理效率和水质监测能力。传感器技术、互联网技术等的应用，可以实时监测水质数据，及时发现异常情况并采取应对措施，提高水质监测的及时性和准确性，保障公众饮水安全。

然而，智能化发展也面临一些挑战。首先是技术水平和人才储备不足的问题，需要加大对人工智能和大数据技术的引进和培训力度，提升相关从业人员的技能水平。其次是数据安全和隐私保护问题，需要建立健全的数据管理制度和隐私保护机制，确保水利工程数据的安全性和合法性。

为推动水利工程的智能化发展，应当采取以下措施和建议：一是加强科研机构和企业的合作，推动水利工程管理智能化技术的研发和应用；二是完善相关政策和法规，明确数据管理的责任主体和范围，保障数据的安全合法使用；三是加强人才培养和技术交流，拓宽水利工程领域的人才队伍，促进技术创新和智能化应用的普及。

推动水利工程的智能化发展能够提高水利工程管理效率，促进水利经济的持续发展，实现水资源的可持续利用，为我国水利事业的发展注入新的动力和活力。
【完】

（三）促进水利工程的生态环保

水利工程管理对水利经济发展的重要性在于能够有效整合资源，提高水资源利用效率，促进经济的可持续发展。水利工程管理对可持续发展的重要性不言而喻，只有通过改革创新，完善资金保障机制，才能够实现水利工程管理与水利经济发展的深度融合。未来展望中，更需要加强水利工程管理与经济发展的协调，促进生态环保，实现资源的可持续利用，推动经济的繁荣发展。

（四）实现水利工程管理与经济发展的良性互动

水利工程管理对水利经济发展的重要性在于其能够有效保障水资源的可持续利用，促进经济的稳定增长。水利工程管理对可持续发展至关重要，只有通过不断改革与创新，才能更好地实现水利工程管理与水利经济发展的良性互动。资金保障机制的完善对于推动水利工程管理与经济发展的深度融合具有重要意义。未来展望中，需要进一步加强综合协调，以实现水利工程管理与经济发展的良性互动，从而推动水资源的可持续利用和经济的繁荣发展。

三、推动水利工程管理的国际合作

（一）加强国际间水资源管理交流

加强国际间水资源管理交流是当前水利工程管理领域的一个重要课题。通过与其他国家和地区的交流合作，可以促进各方之间的技术创新和经验分享，共同应对水资源管理面临的挑战。同时，加强国际间水资源管理交流也可以推动水利工程管理在全球范围内的发展，为实现可持续利用水资源和保护生态环境提供更多的支持和机会。在未来的发展中，我们应该积极参与国际性的水利工程管理活动，拓展国际合作的领域，共同推动水资源管理的全球化发展。

（二）推动共建水资源开发合作

在推动共建水资源开发合作方面，我国水利工程管理人员应该加强与国际合作伙伴的沟通和交流，共同探讨合作机制和项目规划。通过与其他国家的合作，可以有效地引进先进的技术和管理经验，提升我国水利工程管理水平，推动水资源的可持续开发利用。同时，共建水资源开发合作也可以促进我国水利经济的发展，实现资源共享和互惠合作的共赢局面。通过国际合作，我国水利工程管理部门还能够拓展市场和扩大业务范围，实现经济效益和社会效益的双赢局面。

推动水利工程管理的国际合作不仅可以促进技术创新和管理模式创新，还可以促进人才交流和培养。国际合作可以为我国水利工程管理人员提供更广阔的发展平台和学习机会，提高他们的技术能力和管理水平。在国际合作中，我国水利工程管理人员还能够学习到其他国家的成功经验和先进理念，不断提升自身的综合素质和竞争力。同时，国际合作也有助于培养我国水利工程管理人员的国际视野和跨文化沟通能力，提高他们的全球化意识和综合素养。

推动共建水资源开发合作和水利工程管理的国际合作，对于我国水利工程管理与水利经济发展具有重要意义。只有加强国际合作，汇聚全球智慧和力量，才能更好地促进水资源的可持续利用和经济的繁荣发展，为实现高质量发展和可持续发展打下坚实基础。相信在国际合作的共同努力下，我国水利工程管理将迎来更加美好的未来。

（三）促进国际间水利工程经验分享

水利工程管理对水利经济发展的重要性在于其能够促进水资源的有效管理和利用，从而推动经济的稳定发展。同时，水利工程管理对可持续发展的重要性不可忽视，只有通过科学合理的管理措施，才能实现水资源的长期可持续利用。在面临挑战和机遇的当下，水利工程管理需要进行改革与创新，建立健全的资金保障机制，以确保水利工程的持续运行和发展。展望未来，推动水利工程管理的国际合作至关重要，促进国际间水利工程经验的分享，共同探索解决水资源管理中的难题，推动水利经济的健康发展。

（四）推动国际水利工程标准和规范的统一

推动国际水利工程标准和规范的统一是当前全球水利工程领域的重要任务之一。通过加强国际合作，促进各国之间的信息交流和经验分享，可以实现水利工程标准和规范的统一，提高水利工程建设和管理的效率和水平，推动全球水利工程事业的发展。同时，统一的标准和规范可以帮助各国在水资源利用、环境保护、灾害防治等方面取得更好的成果，实现全球水资源的可持续利用和经济的繁荣发展。在未来，我们应该加强国际合作，推动国际水利工程标准和规范的统一，为全球水利工程事业的发展做出更大贡献。

参考文献

[1] 邹万高. 试析水利工程管理策略探究 [A].2023 年教育理论与实践科研学术研究论坛论文集（二）[C]. 中国国际科技促进会国际院士联合体工作委员会 :2023:1280-1283.

[2] 赵文武. 当前水利工程渠道维护与管理对策探究 [J]. 建筑与施工 ,2023,2(11):

[3] 陈伟. 当前水利工程渠道维护与管理对策探究 [J]. 农家参谋 ,2022,(01):169-171.

[4] 韩彦龙，李焕菊. 水利工程管理及养护策略探究 [J]. 水利科学与技术 ,2023,6(2):

[5] 刘延员，徐凯. 水利工程管理及养护问题探究 [J]. 城市建设理论研究（电子版）,2023,(23):41-43.

[6] 段文斌. 农田水利工程建设与管理的措施性探究 [J]. 当代农机 ,2023,(07):47+49.

[7] 甘磊，吴金永. 水利工程项目施工成本控制与管理的优化探究 [J]. 工程技术创新与发展 ,2023,1(1):

[8] 孟宪玲. 水利工程施工档案资料的整编与管理探究 [J]. 兰台内外 ,2022,(20):34-36.

[9] 许子福，毛光海. 水利工程项目质量监督管理探究 [J]. 工程建设与设计 ,2021,(18):199-201.

[10] 李应龙. 加强水利工程质量的管理策略探究 [J]. 产品可靠性报告 ,2023,(04):64-65.

[11] 李玉格. 探究小型农田水利工程管理的发展 [J]. 农业工程技术 ,2022,42(06):72-73.

[12] 华涛. 水利工程建设与管理探讨 [J]. 居舍 ,2021,(33):133-135.

[13] 宋义敏. 小型农田水利工程管理中的难点与突破策略探究 [J]. 黑龙江粮食 ,2021,(06):97-98.

[14] 李青. 加强水利工程管理发挥水利工程效益 [J]. 中华建设 ,2021,(11):110-111.

[15] 崔静．水利工程财务管理信息化建设探索——评《水利工程与财务管理》[J]．人民黄河，2023,45(02):164.

[16] 巴前梅．水利工程质量监督管理创新研究——评《水利工程质量与安全管理》[J]．人民黄河，2022,44(06):169-170.

[17] 杨紫禾．水利工程白蚁防治技术与管理[J]．中国高新科技，2022,(23):107-108.

[18] 张素艳，邵艳枫，姬夏楠，范晖．探究水利工程建设施工中的环境管理与保护策略[J]．长江技术经济，2021,5(S2):141-143.

[19] 聂瑛．新形势下水利工程招投标管理对策探究[J]．四川建材，2023,49(03):234-236.

[20] 王乐义．水利工程泵站建设施工质量管理探究[J]．山西水利，2023,(01):50-51.

[21] 薛国琴．新形势下水利工程招投标管理对策探究[J]．中国设备工程，2021,(19):229-230.

[22] 张辉．农业水利工程中泵站的安全运行管理探究[J]．新农业，2022,(04):74-75.

[23] 禹晓霞．浅析水利工程与农田水利工程质量安全监督管理研究[J]．农家参谋，2022,(14):150-152.

[24] 郝庆军．水利工程建设中的质量管理与控制——评《小型水利工程建设管理与运行维护》[J]．人民黄河，2023,45(07):164.

[25] 宋增祥．水利工程施工管理的影响因素及应对之策——评《水利工程施工与管理》[J]．人民黄河，2023,45(06):166.

[26] 贾锐．农村水利工程的建设与管理浅析[J]．中华建设，2021,(06):60-61.

[27] 班懿根，刘刚，邓会杰．水利工程规划设计与施工管理[M].Viser Technology Pte. Ltd.:2023-08-09.

[28] 于莉丽．农田水利工程建设与管理途径[J]．农业开发与装备，2021,(04):134-135.

[29] 尚克兵．水利工程管理的问题与解决路径[J]．科技视界，2021,(27):187-188.

[30] 王瑞，王齐浩，付春华．丁东水库争创水利工程标准化管理单位经验探究[J]．小水电，2023,(03):30-35.